土壤性状调查与分析方法

TURANGXINGZHUANG DIAOCHA
YU FENXI FANGFA

——记录北京市第三次全国土壤普查

北京市耕地建设保护中心 编著

中国农业科学技术出版社

图书在版编目（CIP）数据

土壤性状调查与分析方法：记录北京市第三次全国土壤普查/北京市耕地建设保护中心编著. -- 北京：中国农业科学技术出版社，2024.11. -- ISBN 978-7-5116-6967-4

Ⅰ.S159.21

中国国家版本馆CIP数据核字第2024FX6640号

责任编辑　李　华
责任校对　李向荣
责任印制　姜义伟　王思文

出版者	中国农业科学技术出版社
	北京市中关村南大街12号　　邮编：100081
电　话	（010）82109708（编辑室）　（010）82106624（发行部）
	（010）82109709（读者服务部）
网　址	https://castp.caas.cn
经销者	各地新华书店
印刷者	北京建宏印刷有限公司
开　本	148 mm×210 mm　1/32
印　张	7
字　数	176千字
版　次	2024年11月第1版　2024年11月第1次印刷
定　价	68.00元

版权所有·侵权必究

《土壤性状调查与分析方法
——记录北京市第三次全国土壤普查》

编委会

顾　问：张连彦　王维瑞　张敬锁　胡东风　刘　鑫
主　编：于跃跃　郭　宁　颜　芳　陈小慧
副主编：梁金凤　陈　娟　闫　实　赵凯丽　刘　瑜
　　　　　刘继远　王胜涛　冯　洋　王艳平　高　飞
参　编：（按姓氏笔画排序）
　　　　　王　睿　王伊琨　王其春　王鸿婷　文方芳
　　　　　叶回春　田　野　乔汝良　刘　彬　刘晓霞
　　　　　刘善江　孙晨晨　李　娟　李晓岚　李彬彬
　　　　　吴文强　邱　玥　何威明　张　越　张　蕾
　　　　　张世文　张梦佳　张雪莲　张新刚　陈素贤
　　　　　范珊珊　季　卫　金　强　周　欣　周　洁
　　　　　周艳兵　赵亚楠　赵宝玉　郜允兵　聂超甲
　　　　　徐珍珍　高振新　傅博鉴　焦扬庆　赖　勇
　　　　　樊晓刚

内容简介

土壤普查是查明土壤类型及分布规律,查清土壤资源数量和质量等的重要方法,普查结果可为土壤的科学分类、规划利用、改良培肥、保护管理等提供科学支撑,也可为经济、社会、生态建设重大政策的制定提供决策依据。北京市时隔40多年再次开展土壤普查,对全市耕地、园地、林地、草地等农用地和部分未利用地的土壤进行普查,普查内容为土壤性状、类型、立地条件、利用状况等。

该书定位于北京市第三次全国土壤普查的工作方法和技术规范,内容包括普查概念、外业调查与取样、内业测试化验、内业测试化验质量控制、数据规范性处理与异常值剔除、土壤类型图更新与修正、土壤属性数字制图、土壤评价、成果应用等。

目 录

第一章 普查概念 ... 1
第一节 背景和历史 ... 1
第二节 普查内容 ... 5

第二章 外业调查与取样 ... 11
第一节 样点加密布设与校核 ... 11
第二节 表层调查与取样 ... 20
第三节 剖面调查与取样 ... 25
第四节 生物调查与取样 ... 36

第三章 内业测试化验 ... 41
第一节 工作任务 ... 41
第二节 样品制备 ... 43
第三节 样品组批转码 ... 52
第四节 样品检测 ... 53

第四章 内业测试化验质量控制 ... 67
第一节 实验室内部质量控制 ... 67
第二节 实验室外部质量控制 ... 74

第五章 数据规范性处理与异常值剔除 ... 86
第一节 数据校核与规范性处理 ... 86

第二节　异常值检测与剔除……………………………………90

第六章　土壤类型图更新与修正……………………………………101
第一节　数据获取与处理…………………………………………102
第二节　土壤类型名称校核………………………………………107
第三节　二普土壤类型图室内校核………………………………109
第四节　土壤类型图野外校核……………………………………114
第五节　基于环境变量的土壤类型推测制图……………………118
第六节　三普土壤类型图生成……………………………………123

第七章　土壤属性数字制图……………………………………………125
第一节　环境变量确定……………………………………………126
第二节　环境变量筛选……………………………………………128
第三节　空间预测方法……………………………………………132
第四节　预测精度以及模型对比…………………………………144
第五节　土壤属性分级及丰缺阈值确定…………………………158

第八章　土壤评价………………………………………………………166
第一节　土壤适宜性评价方法……………………………………168
第二节　耕地质量等级评价方法…………………………………175
第三节　土壤环境质量评价方法…………………………………185

第九章　成果应用………………………………………………………196
第一节　成果应用转化路径与方案………………………………196
第二节　土壤农业利用区划调整与优化解决方案………………201
第三节　障碍分区与肥沃耕层构建………………………………206

参考文献……………………………………………………………………214

第一章 普查概念

第一节 背景和历史

一、第一次全国土壤普查的背景和历史

(一) 背景

中华人民共和国成立初期,各行各业蓬勃发展,在农业的发展中,党中央对土壤工作非常重视,在农业"八字宪法"中将"土"字摆在第一位,并提出"有土斯有粮"等口号,多次号召各级干部学习土壤知识。1958年,毛泽东同志批转农业部党组《关于土壤普查鉴定工作现场会议的报告》。为了明晰国内耕地资源的基本情况,1958—1960年,开展了第一次全国土壤普查(简称"土壤一普"),以全国的耕地为主要调查对象,以了解土壤肥力、指导农业生产为目的,完成了除西藏和我国台湾以外的耕地土壤调查。

(二) 历史

第一次全国土壤普查工作,以土壤农业性状为基础,提出了全国第一个农业土壤分类系统。总结了农民鉴别、利用、改良土壤的实践经验,编制了"四图一志",即1∶250万全国农业土壤

图、1:400万全国土壤肥力概图、全国土壤改良概图、全国土地利用现状概图及《农业土壤志》等,初步摸清了耕地土壤的底数,对农田基本建设起到了推动作用,为做好农用地评价、农业区划、农业结构调整和农业布局工作,以及开展科学种田促进农业生产,为因地制宜贯彻农业"八字宪法"提供了有力支撑,为增加粮食生产发挥了重要作用,并对我国土壤科学的发展起了很大的推动作用。

二、第二次全国土壤普查的背景和历史

(一)背景

第一次全国土壤普查过去20年后,随着各地农业学大寨运动的深入开展,各地大搞农田基本建设,改革耕作制度,农业生产水平不断提高,土壤发生了很大变化,出现了许多新情况和新问题,过去土壤普查所掌握的资料远不能适应新形势发展的需要。因此,1979年国务院发布《国务院批转农业部关于全国土壤普查工作会议报告和关于开展全国第二次土壤普查工作方案》,部署了第二次全国土壤普查(简称"土壤二普")工作,主要任务是查清全国土壤资源、类型、分布、面积、理化性状、生产性能和土壤肥力;对低产土壤限制作物生长的因素(酸、碱、盐、毒、冷、板结、过砂、过黏、土层浅、排水不良、水土流失等)和低产原因,以及高产土壤的肥力条件、特性和指标进行综合分析;总结群众认土、改土、耕作、用地养地、低产变高产的经验。按照农区1:1万、林区牧区等其他区域1:(10~20)万比例尺图件开展普查工作。在土壤普查办公室统一组织和部署下,大部分地区在1984年底基本完成普查,少数地区延续到1986年,成果汇总

工作到1994年完成。

（二）历史

土壤二普全面查清了我国土壤资源的类型、数量、分布和基本性状等。采用新的大比例尺地形图和遥感、测试、微型电子计算机等调查制图和测试化验手段，取得了5个方面成果。一是科技成果丰硕。编制了《中国土壤》《中国土种志》《中国土壤养分图》《中国土地利用现状图》《中国土壤改良利用分区图》等资料和图件。二是发展了全国土壤分类科学。利用第二次全国土壤普查数据，经反复的讨论与修改，1992年在汇总全国土壤普查资料与百万分之一全国土壤图的基础上，确立了12个土纲、27个亚纲、61个土类及230个亚类的土壤分类系统，为中国土壤分类奠定了坚实基础。三是推动了科学施肥。利用普查所获得的土壤养分分析数据，在节约施肥量、增加农业产量两个方面均发挥了显著成效，为农业合理施肥提供了服务。四是普查成果广泛用于中低产田改良和基地建设等方面。摸清了国内中低产田的比例、分布以及主要障碍类型，为实施农业综合开发、耕地开垦、中低产田改造、科学施肥、农业区划等提供了重要的基础支撑，推动了农业生产全面发展。五是建立了土壤肥力长期监测网点和土壤数据库，丰富了土壤普查成果。

三、第三次全国土壤普查的背景

（一）背景

2022年1月，国务院印发《关于开展第三次全国土壤普查的通知》，为土壤"摸家底"定下"作战图"。这是时隔43年后，我国再次对土壤进行的"全面体检"。43年间，中国经济社会发展发生巨变，城市化、工业化快速推进，城乡融合加速，粮食产量不断跃上新台阶。但同时，不合理的开发利用，使我国土地尤其是耕地面临严峻挑战。守牢耕地红线，保障粮食安全，优化农业生产布局，提升土壤资源保护和利用水平，第三次全国土壤普查（简称"土壤三普"）势在必行。

（二）普查的意义

土壤普查是查明土壤类型及分布规律，查清土壤资源数量和质量等的重要方法，普查结果可为土壤的科学分类、规划利用、改良培肥、保护管理等提供科学支撑，也可为经济、社会、生态政策的制定提供决策依据。

1. 开展土壤普查是守牢耕地红线确保国家粮食安全的重要基础

随着社会经济发展，耕地占用刚性增加，要进一步落实耕地保护责任，严守耕地红线，确保国家粮食安全，需摸清耕地数量状况和质量底数。

2. 开展土壤普查是落实高质量发展要求加快农业农村现代化的重要支撑

完整、准确、全面贯彻新发展理念，推进农业发展绿色转型和高质量发展，节约水土资源，促进农产品量丰质优，都离不开土壤肥力与健康指标数据作支撑。推动品种培优、品质提升、品牌打造和标准化生产，提高农产品质量和竞争力，需要翔实的土壤特性指标数据作支撑。指导农户和新型农业经营主体因土种植、因土施肥、因土改土，提高农业生产效率，需要土壤养分和障碍指标数据作支撑。发展现代农业，促进农业生产经营管理信息化、精准化，需要土壤大数据作支撑。

3. 开展土壤普查是保护环境促进生态文明建设的重要举措

随着城镇化、工业化的快速推进，大量废弃物排放直接或间接影响农用地土壤质量，如农田土壤酸化面积扩大、酸化程度增加，土壤中重金属活性增强，土壤污染趋势加重，农产品质量安全受到威胁。土壤生物多样性下降、土传病害加剧，制约土壤多功能发挥。为全面掌握全国耕地、园地、林地、草地等土壤性状及耕作造林种草用地土壤适宜性，协调发挥土壤的生产、环保、生态等功能，促进"碳中和"，需开展全国土壤普查。

4. 开展土壤普查是优化农业生产布局助力乡村产业振兴的有效途径

人多地少是我国的基本国情，需要合理利用土壤资源，发挥区域比较优势，优化农业生产布局，提高水、土、光、热等资源利用率。《中华人民共和国国民经济和社会发展第十四个五年规划和2035年远景目标纲要》提出优化农林牧业生产布局落实落地，因土适种、科学轮作、农牧结合，因地制宜多业发展，实现既保粮食和重要农产品有效供给，又保食物多样，促进乡村产业兴旺和农民增收致富，需要土壤普查基础数据作支撑。

第二节　普查内容

一、普查范围

覆盖全国耕地、园地、林地、草地等农用地和部分未利用地。林地、草地中突出与食物生产相关的土地，未利用地重点调查与可开垦耕地资源潜力相关的土地，如盐碱地等。

二、普查对象

土壤普查对象为耕地、园地、林地、草地等农用地和部分未利用地的土壤。其中，林地、草地重点调查与食物生产相关的土地，未利用地重点调查与可开垦耕地资源相关的土地，如盐碱地等。

三、普查任务

（一）土壤类型校核完善

以土壤二普形成的分类成果为基础，通过实地踏勘、剖面观察等方式核实与补充土壤类型，完善土壤发生分类系统，并推进典型区域土壤系统分类。

（二）土壤剖面性状调查

通过主要土壤类型的剖面挖掘观测、剖面样本制作、土壤样品采集和测试分析，普查剖面土壤发生层及其厚度、边界、颜色、质地、孔隙、结持性、新生体、植物根系和动物活动等。对于典型障碍土壤剖面，重点普查1m土壤剖面内沙漏、砾石、黏磐、盐磐、铁磐、砂姜层、白浆层、潜育层、钙积层等障碍类型及分布层次等。

（三）土壤理化和生物性状分析

通过土壤样品采集和测试，普查土壤机械组成、土壤容重、有机质、酸碱度（pH值）、营养元素、重金属、有机污染物、典型区域土壤生物多样性等土壤物理、化学、生物指标。

（四）土壤利用情况调查

结合样点采样，重点调查成土条件、植被类型、植物（作物）产量，以及耕地园地的基础设施条件、种植制度、耕作方式、排灌设施情况等基础信息，肥料、农药、农膜等投入品使用情况，农业经营者开展土壤培肥改良、农作物秸秆还田等做法和经验。

（五）土壤质量状况分析

利用普查取得的土壤理化和生物性状、剖面性状和利用情况等基础数据，开展土壤质量分析，摸清土壤资源质量现状。

（六）土壤数据库构建

建立标准化、规范化的土壤数据库，包括空间数据库和属性数据库。空间数据库包括土壤类型图、采样点点位图、剖面分布图、养分分布图、土壤质量图、土壤利用适宜性评价图、地形地貌图、道路和水系图等。属性数据库包括土壤性状、土壤障碍及退化、土壤利用等指标，土壤利用类型数量、质量等数据。有条件的地方可以建立土壤数据管理中心，对数据成果进行汇总管理。

（七）普查成果汇交与应用

组织开展分级土壤普查成果汇总，包括图件成果、数据成果、文字成果和数据库成果。开展数据成果汇总分析，包括土壤质量状况、土壤改良与利用、土壤利用适宜性评价、农林牧业布局优化等。开展40多年来全国土壤变化趋势及原因分析，提出防止土壤退化的措施建议。开展土壤盐碱、酸化等专题评价，提出治理修复对策。

（八）土壤样品库构建

依托科研教育单位，构建国家级和省级土壤剖面标本、土壤样品储存展示库，保存主要土壤类型的土壤剖面标本和样品。有条件的县（市）可建立土壤样品储存库。

四、普查组织实施

（一）组织保障

土壤普查是一项重要的国情国力调查，涉及范围广、参与部门多、工作任务重、技术要求高。为加强组织领导，国家成立了国务院第三次全国土壤普查领导小组，负责普查组织实施中重大问题的研究和决策。领导小组办公室设在农业农村部，负责普查工作的具体组织和协调，领导小组成员单位要各司其职、各负其责、通力协作、密切配合，加强技术指导、信息共享、质量控制、经费物资保障等工作。北京市政府成立第三次全国土壤普查领导小组，负责土壤普查实施中重大问题的研究和决策，领导小组办公室设在北京市农业农村局，负责全市普查工作的具体组织和协调。充分发挥领导小组办公室作用，严格落实各成员单位职责。各区政府落实主体责任，参照市政府第三次全国土壤普查领导小组组织架构，成立区级第三次全国土壤普查领导小组及其办公室。

（二）制度保障

1. 建立月调度制度

由市土壤普查办每月调度各区工作进展，对阶段成果进行查检，确保成果质量。

2. 建立验收制度

执行分级检查验收制度，区土壤普查办负责本区工作的自检，市土壤普查办负责对区各项成果进行验收。

3. 建立审计制度

落实质量保障目标责任制，明确各级部门的工作目标与责任，对弄虚作假、瞒报调查数据的，依据相关规定，追究当事人的法律责任，并对相关领导追究行政责任。

（三）技术保障

普查办组织在京科研、教学等单位组成专家技术指导组，负责研究解决土壤普查和数据汇总中遇到的重大技术问题，负责对各区进行技术指导和培训，协助各区解决普查工作中遇到的实际问题。

（四）经费保障

北京市土壤普查经费由市、区财政共同承担。市级财政承担数据质量控制、数据整理分析和数据库建设、内业测试化验和结果抽查校核、土壤样品库建设、技术保障和宣传等。区级财政承担外业调查采样、样品转运、材料设备等。各区政府要根据工作进度安排，及时予以经费保障，并加强监督审计，确保资金使用安全。

（五）共享保障

市级相关部门提供开展土壤普查所需的基础数据，包括第三次全国国土调查（简称"国土三调"）数据、最新的土地变更数据、土壤环境质量调查成果和农业生产情况数据等资料，及时通报数据变化情况，为高效准确开展土壤普查提供数据保障。土壤普查形成的调查成果经批准后，可与各部门共享使用。

（六）培训和宣传

普查办组织开展市、区两级人员培训，做好国家政策文件、培训教材的宣贯工作。区土壤普查办负责开展各区相关技术人员的培训。市、区土壤普查办结合实际，分别制定了市、区两级土壤普查工作宣传方案，组织开展市、区两级土壤普查工作的日常宣传。

第二章 外业调查与取样

第一节 样点加密布设与校核

调查样点加密布设与校核是土壤普查的核心环节与关键前提，关系土壤三普各类成果的全面性、科学性与准确性，同时也关系土壤三普后续各个环节的全面开展与高效推进，下面简要介绍土特产区土壤布点加密工作方法。

一、准备工作

（一）数据准备

围绕土壤普查的对象、普查内容和成果要求，梳理样点加密布设与校核工作资料需求清单，包括土地、林业、环境、水资源、气象等相关的基础调查、规划、统计资料和图件，涉及农业、园林、环境、水务、统计、气象等诸多部门，所收集到的数据包括土壤图、土地利用现状图、土地利用变更图、行政区划图等，对数据进行系统整理，并按照保密性等级，进行数据安全评估，提出数据脱敏和保护的细则要求。坐标系统统一采用"2000国家大地坐标系"，高程基准采用"1985国家高程基准"，投影方式采用高斯—克吕格投影。

（二）软件准备

样点加密布设和校核工作主要基于ArcGIS 10.2完成。

（三）质量控制

在数据收集整理阶段，要建立数据整理和处理清单，按规范过程进行数据处理，建立数据处理小组内控机制，确保数据不存在粗差和数据使用版本不一致性。在数据异常处理阶段，参照第三次土壤普查专题技术规范和土壤普查全程质量控制规范，建立统一的数据异常处理分析流程，从各专题技术组抽调技术人员组成数据处理公共组对相关数据进行统一处理，建立统一技术框架、统一数据工作基年、统一坐标系和统一制图工具和软件及方法。在数据空间分析阶段，做好数据清洗和规则化。在成果编制及报告编写阶段，依据国标、行标以及各区实际情况，编制出图工程文件和出图的要素内容，提前做好报告编制大纲。

二、样点加密布设

通常样点布设的重要环节主要包括确定可布设区域、采样点数目及采样点布设方案设计。其中对于样点可布设区域通常要求根据相关实际情况和管理需求对适合采样区进行甄别和提取。在加密采样调查过程中，首先需保障样点落在特定区域内。其次考虑采样点位的可用性，点位应不易受外力影响，并且点位应与村庄、河流及道路具有一定距离。

在确定采样点数目方面，需要综合考虑调查区域范围、采样任务设定精度、采样成本等因素。样点过少，采样资源将无法得到充分利用，调查对象的评价精度将相应较差；样点数目过多，调查成本将相应加大。因此在保障调查成本的前提下，有必要结合面向调查区域的分布特征确定适宜调查采样数目。

在采样点布设方案设计方面，由于加密调查是在原有土壤三普调查任务的基础上深度开展的普查任务。因此在加密调查采样点布设过程中,需要充分结合试点区县三普调查样点进行综合考虑布设加密样点。此外,加密调查的分布范围、种植特点具有差异性,在布点时不能依据统一的布点方案进行样点优化布设,因此需依据"分品种、分规模"进行采样点布设方案设计。

(一)加密原则要求

(1)调查点应布设在农产品主要优势区,反映种植年限差异、长势差异、品质差异、产量差异,体现不同区位肥力情况差异。

(2)调查点要兼顾种与不种农产品对照,要考虑主栽品种点位布设的代表性,要考虑农产品未来发展规划需求。

(3)兼顾土壤类型、农用地分布、农用地质量等级等内容。

(4)原有国家下发点位是本次点位优化调整重要参考基础和依据,各区点位数量不增减,空间尽量全覆盖;以种植作物属性代表性为基础,找集中连片种植区布点,兼顾空间全覆盖且均匀。

(二)加密技术方法

1. 加密技术流程

调查样点加密工作的技术流程如图2-1所示。

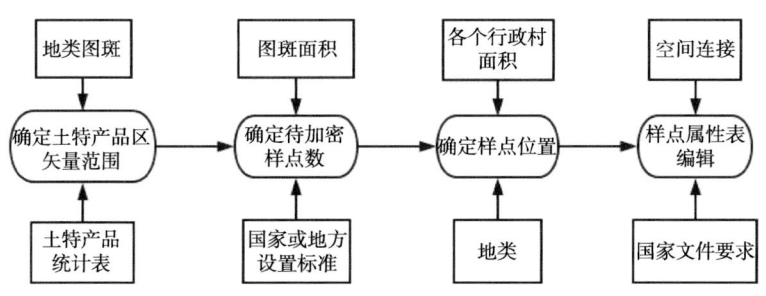

图2-1 加密样点布设流程

2. 具体步骤

（1）确定样点区矢量范围。

①将样点区信息汇总表中的坐落单位代码（ZLDWDM）与国土三调地类图斑数据属性表中的坐落单位代码进行连接，从而确定样点区矢量范围（具体到图斑）。

②由于有些地类在调查过程中出现了误差，为了使结果符合实际情况，在连接的时候没有将地类编码与坐落单位代码结合起来，选择在连接之后再基于图斑面积进行筛查。

③根据样点区分布矢量范围，确定该种农产品分布面积；新建面积字段，计算几何求面积。单位：km^2。

（2）确定样点区待加密样点数。

①每种农产品的加密样点总数，根据布点密度，以及农产品面积，来计算加密样点个数，要保证样点个数不能过少（小于30个）。

②对于个别农产品，由于有一种以上的地类，在设置加密样点个数时，要按所占面积进行样点的分配，将最符合的地类个数计算出来之后向上取整，以此类推，最后一种地类直接用总数减去前面地类的样点个数。

③在布设加密样点的时候，要确保涉及的每个行政村都至少有一个样点，若预计布设样点数小于行政村数则按面积大小进行加密。若预计布设样点数大于行政村数，则将剩余点按面积分配给各个行政村。

（3）确定农产品区样点位置。在确定好各个行政村的样点数之后，分别统计各个行政村内部各个区域的图斑面积，按从大到小进行排列，依次选择区域直到达到预计样点数，从而确定样点分布的位置。

（4）农产品区样点标注。

①将涉及区域内国家的采样点按位置选择，并与新增的加密样点进行合并，作为全部样点，再进行后续样点属性的设置。

②根据矢量文件属性表要求进行属性字段的添加。如果有参考数据，则可以直接将其与新布设的样点数据进行合并，这样就可以直接添加上参考数据的属性字段，合并之后再将参考数据删除即可。

③按照文件中的各个属性要求进行赋值即可。在此过程中，对于矢量数据，可以采用分析工具中叠加分析里的空间连接。对于栅格数据，可以使用空间分析工具中提取分析里的值提取，这个工具能将栅格数据的值提取至加密样点。

三、样点校核工作

（一）加密样点内业校核

面向加密调查样点所开展的校核工作内容主要包括样点数据的完整性、土地利用变更校核、道路通达性校核、样点可用性与持久性校核、地理标志农产品区样点密度与分布合理性校核、各类型区样点密度与布点方案一致性校核、校核样点是否靠近土壤污染源。

1. 样点相关数据完整性校核

对照样点信息下发清单，检查下发区域的文件数量、类型与内容是否齐全。打开样点矢量文件，核查样点整体空间分布、属性信息有无异常。下发清单中如无查缺补漏样点入样图斑、地理标志农产品统计表属正常情况。

2. 土地利用类型变更校核

对照三普工作底图与土地利用变更信息，校核样点所在入样图斑的土地利用属性,并按照耕园地、林草盐碱地布样密度,重新布设样点。校核基本路线见图2-2。

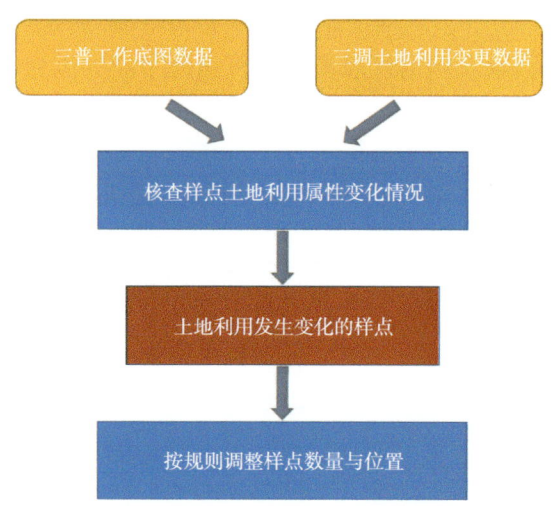

图2-2 表层样土地利用校核基本路线

结合ArcGIS工具,其操作流程主要涉及确定入样图斑内土地利用变更面积,样点与土地利用变更图斑空间关联,发生土地利用变更的入样图斑面积计算,入样图斑内土地利用变更面积比例确定。根据不同的土地利用变更类型,相应调整样点数量与位置,其具体的调整规则见表2-1。

表2-1 样点数量与位置调整依据说明

序号	土地利用类型变化	样点调整
1	耕地→园地	当变更面积<入样图斑面积50%时,保留该样点,保持样点属性表中的土地利用类型不变
		当变更面积≥入样图斑面积50%时,保留该样点,并修改样点属性表中的土地利用类型

（续表）

序号	土地利用类型变化	样点调整
2	耕园地→林草地	当变更面积<入样图斑面积50%时，保留该样点，保持样点属性表中的土地利用类型不变
		当变更面积≥入样图斑面积50%时，如标注为可恢复性耕地，则保留该样点；否则，去掉该样点
3	林草地→耕园地	当变更面积<入样图斑面积50%时，保留该样点，保持样点属性表中的土地利用类型不变
		当变更面积≥入样图斑面积50%时，采用网格法按耕园地布样密度在土地利用变化区加密布点
4	耕园林草地→非耕园林草地	当变更面积<入样图斑面积50%时，保留该样点，保持样点属性表中的土地利用类型不变
		当变更面积≥入样图斑面积50%时，去掉该样点
5	非耕园林草地→耕园林草地	当变更面积<入样图斑面积50%时，不布点
		当变更面积≥入样图斑面积50%时，采用网格法按耕园林草地布样密度在土地利用变化区布点

3. 表层样道路可达性校核

对照三普工作底图、土地利用变更信息、遥感影像判断山区林地样点的道路可达性。对于到达困难的样点，需要在对应的入样图斑或与入样图斑土壤、土地利用属性相同的叠加图斑内调整样点位置。其基本技术路线见图2-3。

结合ArcGIS工具，其操作流程主要涉及提取山区林地表层样点数据提取道路图层，提取林地区域与土壤类型的叠加图斑，判断样点是否落入入样图斑且入样图斑内是否有道路通过，基于判断结果将样点分成四大类，分别为样点落入入样图斑且入样图斑有道路通过；样点落入入样图斑但入样图斑没有道路通过；没有落入入样图斑但落入了林地—土壤图斑,且林地—土壤图斑有道路通过;样点没有落入入样图斑但落入了林地—土壤图斑,但林地—土壤图斑没道路通过。针对不同情况进行样点调整和处理,针对样点所在图斑有道路通过的情况,直接将该样点调整至入样图斑内的道路旁,保持地类及土壤属性不变;针对样点所在图斑没有道路通过的情况,将该样点调整至相应图斑内距离道路最近的位置,保持地类及土壤属性不变。

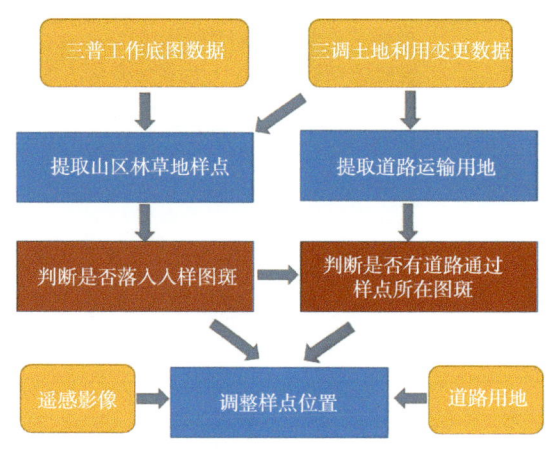

图2-3 表层样道路可达性基本路线

(二)加密样点外业校核

1. 采样点位代表性校核

采样点位代表性主要指样点属性。点位选择在空间上是否合理,布设点位现场调整是否合理等。预设样点的外业定位工作,基于全国统一的规划布点方案。在定位过程中,结合第二次全国土壤普查土壤图土壤类型信息、地形地貌、水文地质、气象数据、土地利用现状等自然和社会经济数据,开展外业调查。

通过手持终端App，导航逼近预设样点位置，要求到达准确点位坐标，必要时进行样点现场调整。野外调查人员进入预设样点电子围栏范围内，现场确定预设样点是否符合目标景观和土壤类型的要求，主要参考以下标准。

（1）以预设样点为中心，100m半径的电子围栏范围内，无明显修建沟渠、道路、机井、房屋等人为影响，土地利用方式（包括耕作模式、作物类型）具有代表性。如明确在电子围栏范围内，无符合条件的采样点，则应该调整预设样点的位置。

（2）样点通过代表性核查或必要位置调整后，在电子围栏内选择合适采样位置作为梅花法等混样方法的中心点，并读取坐标、高程等基本信息。耕地采样中心点一般定在电子围栏内较大田块的中央。

（3）如果预设样点未通过局地代表性核查，需按要求进行现场样点调整，以达到所述要求，并现场将调整理由以图片、文字等形式上报省级土壤普查办审核。

2. 样点信息填报校核

包括样点基本信息、生产管理情况、景观照片和校核信息等。

（1）样点基本信息。调查点首先在土特产品主要优势区兼顾未来发展，优势区点位占比大于90%，未来发展点位不应超过5%，历史点位同样不超过5%。实际调查时每个点上填写是否为优势区/历史种植/未来规划种植、当前土地利用方式（水浇地/林地/园地/设施用地等）、农作物品种、农产品种植年限（3年、5年、10年、15年、20年及以上）、农产品品质（好/中/一般，每斤[*]价格）、亩产量（准确到10kg）、种植作物（土特产名称或者其他作物名）、是否为土特产，应填尽填。

---

[*] 1斤=500g。

(2)生产管理情况。

施肥情况：氮肥，名称及用量kg/亩（准确到0.1kg）；磷肥，名称及用量kg/亩（准确到0.1kg）；钾肥，名称及用量kg/亩（准确到0.1kg）；复合肥，名称及用量kg/亩（准确到0.1kg）；有机肥（牛粪/羊粪/鸡粪/商用有机肥），名称及用量kg/亩（准确到0.1kg）。

灌溉情况：是否灌溉、灌溉水量、灌溉次数。

农药情况：是否用药、用药名称、用药类型及用量、用药次数、施肥情况kg/亩（准确到0.1kg）。

(3)景观照片。移动终端或数码相机拍摄，拍摄者应位于采样点附近，拍摄东、南、西、北4个方向的景观照片和综合景观照片。为保证照片视觉效果，取景框下沿要接近但避开取土坑。景观照片应着重体现样点地形地貌、植被景观、土地利用类型、地表特征、农田设施等特征，要融合远景、近景。

(4)校核信息。填写校核结果，校核员姓名、单位及联系方式。

第二节 表层调查与取样

表层调查与取样是第三次全国土壤普查的重要组成部分，旨在真实准确掌握土壤质量、性状、利用状况等，为粮食生产及优化农业生产布局等方面提供决策参考。

一、采样原则

表层调查与取样原则要求严格遵循技术规程规范，确保采样过程操作规范、取样准确、复核精准。具体要求如下：

（一）组织保障

成立专门的工作领导小组，组建工作专班并足额保障工作经费，选定合格的第三方采样单位，确保采样工作有序高效开展。

（二）宣传发动

充分利用多种方式进行宣传，营造全民参与的社会氛围，确保外业采样工作得到涉地农户的支持。

（三）技术培训

邀请专家开展实地培训，提高采样人员的技术水平和理论知识。

（四）全程质控

全面落实质控主体责任，选派技术干部参加专题培训并获合格证书，确保采样规范进行。

二、采样深度

耕地、林地、草地样点采样深度为0~20cm，园地样点采样深度为0~40cm。若有效土层厚度不足20cm，采样深度为实际土层厚度。

三、耕层厚度观测

观察并记录耕地样点的耕作层厚度。挖掘到犁底层，测量记录耕作层厚度；没有明显犁底层的，调查询问农户样点田块的实际耕作深度。单位：cm。野外通过紧实度、颜色、根系等差异综合判断是否有犁底层及其上界深度。

四、表层土壤混合样品采集

在电子围栏内确定采样点后，采用梅花法、棋盘法或蛇形法等多点混合的方法采样。根据田块形状、土壤变化的实际情况，选择上述采样方法中的一种进行采样，并按照下述要求操作。

（1）混样点数量为5~15个，且所有混样点须位于同一个田块或样地。

（2）所有混样点均应避开施肥点，并去除地表秸秆与砾石等，挖掘至20cm或40cm深度的采样坑后，每个混样点采集约1kg土壤样品，且来自不同深度的土壤体积占比接近。

（3）将所有混样点采集的土壤样品去除明显根系，充分混匀，然后采取"四分法"去除多余样品，留取3kg；对设置为检测平行样的样点，留取5kg。

（4）对园地样点，按梅花法等方法选择至少5棵代表性的树（或其他园地作物），每棵树在树冠垂直滴水线内、外两侧约35cm处各采集一个混样点（类型1：典型）；若幼龄园地滴水线距离树干不足35cm，则在以树干为圆心、半径50cm的圆周上，采集两个混样点，两个混样点与圆心的连线夹角保持90°（类型2：幼龄型）；若园地株距很小、行距较小（如茶园），则完整采集滴水线至树干之间土壤（类型3：密植型）；若滴水线半径超过2m（如橡胶、板栗等），则在滴水线处以及与树干连线中间处各采集一个混样点（类型4：大型）。

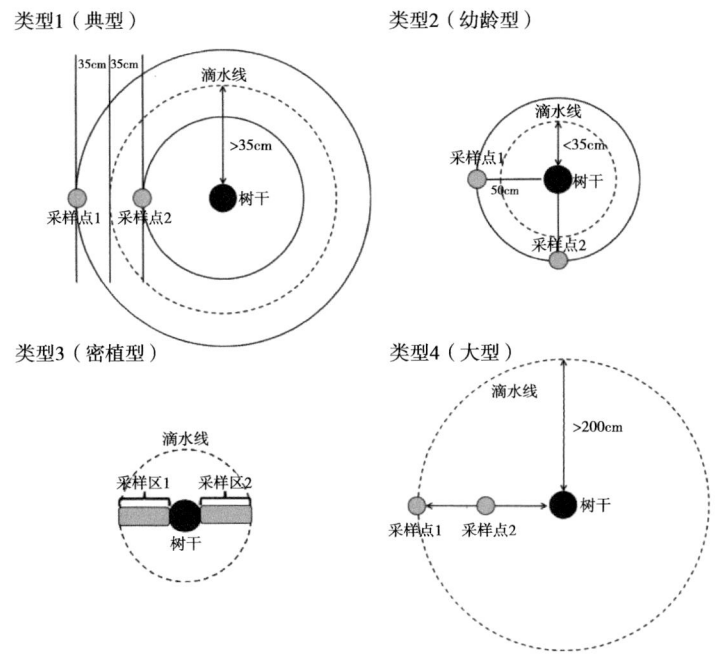

图2-4 园地土壤混合样点选择示意图

（5）含盐或渍水的表层土壤混合样品一般可直接装入布袋；对于盐碱土或渍水样品，先装入塑料自封袋后，再装入布袋，避免交叉污染。

（6）针对表层土壤中含较多砾石时，先确定采样区间的表层土壤体积，挑出土壤中较大的砾石，然后使用孔径大于2mm的尼龙筛分离砾石，将这两部分砾石放一起，野外估测并记录砾石体积、采样区间表层土壤体积以及砾石体积占表层土壤体积的百分比（%），称量并记录砾石的重量，并将过筛后的样品装入样品袋。待样品流转至检测实验室后，过2mm尼龙筛时，需进一步估测并记录砾石的体积，称量并记录砾石的重量和小于2mm细土样品的重量。

五、表层土壤容重样品采集

利用不锈钢环刀（统一用100mL体积的环刀）采集表层土壤容重样品，采样点为邻近的3个混样点，每个混样点分别采集一个容重平行样品，每个样点共采集3个容重平行样品。需要说明的是当表层土壤中砾石体积不超过20%时，需采集土壤容重样品，并填报估测的砾石体积；当砾石体积超过20%时，可不采集土壤容重样品。土壤容重样品采集具体操作如下：

（1）确定3个临近的混样点作为容重取样点，并移除地表树叶、草根、砾石等，削去地表3~5cm厚土壤后，使地表平整。

（2）将环刀托套在环刀无刃口的一端，环刀刃口朝下，借助环刀柄和橡皮锤均衡地将环刀垂直压入地表平整处的土中，在土面刚触及环刀托内顶时，即停止下压环刀。

（3）用剖面刀把环刀周围土壤轻轻挖去，并在环刀下方将环刀外的土壤与土体切断（切断面略高于环刀刃口）。

（4）取出环刀，刃口朝上，用刀削去环刀外多余的土壤，盖上环刀底盖并翻转环刀，卸下环刀托，用刀削平无刃口端的土壤面。

（5）将环刀中土壤完全取出，装入塑料自封袋中。每个容重样品，单独装入一个自封袋中。

六、表层土壤水稳性大团聚体样品采集

采样点为邻近的3个混样点，采样深度与表层土壤混合样品的采样深度相同。采样时土壤湿度不宜过干或过湿，应在土不粘锹、经接触不变形时采样。采样时避免使土块受挤压，以保持原始的结构状态。剥去土块外面直接与不锈钢锹接触而变形的土壤，均匀地取内部未变形的土壤2kg，置于不易变形的容器（硬质

塑料盒、广口塑料瓶等）内。对于设置为检测平行样的样点，取样量为4kg。

七、表层土壤样品标签

统一印制或现场打印样品标签，一式两份，附带样品编码、二维码、采样日期等基本信息。样品包装内、外各一份样品标签。对于表层土壤混合样品，一份标签贴在布袋口的硬质塑料基底上，另一份标签先置入微型塑料自封袋中，再装入布袋内。对于表层土壤容重样品或表层土壤水稳性大团聚体样品，一份标签直接贴在塑料自封袋或塑料瓶（盒）的外部，另一份标签先置入微型塑料自封袋中，再装入容器内。

八、表层土壤样品交接

采样后样品交接前，应妥善暂存土壤样品。对于表层土壤混合样品，应使土壤处于通风状态，避免布袋发霉。及时将采集的表层土壤样品分批交接至样品流转中心或样品制备实验室，填写土壤样品交接表。

第三节　剖面调查与取样

剖面调查是描述土壤类型的主要手段，剖面土壤调查与采样除进行成土环境与土壤利用调查外，还包括剖面设置和挖掘、土壤发生层划分与命名、土壤剖面形态观察与记载、剖面土壤样品采集等。

一、剖面设置和挖掘

（一）剖面设置

基于预设样点的外业定位核查结果，同时要求剖面位置在所处田块、景观单元、二普县级土壤图图斑中具有代表性，确定剖面样点的具体位置。

（二）剖面挖掘

剖面挖掘应遵循以下原则：剖面挖掘地点应在景观部位、土壤类型、土地利用等方面具有代表性；剖面的观察面应向着阳光照射的方向，避免阴影遮挡；剖面的观察面上部严禁人员走动或堆置物品，以防止土壤压实或土壤物质发生位移而干扰观察和采样；挖出的表土和心底土应分开堆放于土坑的左右两侧，观察完成后按土层原次序回填，以保持表层土壤的肥力水平。

1. 平原与盆地区

在平原与盆地等平缓地区，剖面尺寸为1.2m（观察面宽）×（1.2～2）m（观察面深；如遇岩石，则挖到岩石面）×（2～4）m（面长，一般2m）。

2. 山地与丘陵区

受地形和林灌植被等的影响，在无法选取相对平缓、植被少遮挡的景观部位挖掘剖面时，可选择裸露的断面或坡面作为剖面挖掘的点位，但是为了保证剖面的完整性和样品免受污染，修葺剖面时，应向自然断面或坡面内部延伸20～40cm，直至裸露出新鲜、原状土壤。

（三）剖面照片拍摄

标准剖面照作为土壤单个土体的"身份证件照"，能够直观地反映土壤的发生层及其形态学特征,是认识和理解土壤发生过程和土壤类型的直接证据。因此,标准剖面照应当清晰、真实、完整地呈现土壤形态学描述特征。标准剖面照的具体要求如下。

(1)剖面挖掘完成后,在观察面左边1/3宽度内,用剖面刀自上而下修成自然结构面,要避免留下刀痕,右边的部分保留为光滑面。

(2)自上而下垂直放置和固定好帆布标尺,标尺起始刻度要与观察面上沿齐平。

二、土壤发生层划分与命名

剖面挖掘与拍照完毕后,即可对土壤发生层进行划分与命名。

(一)发生层划分

土壤发生层是土壤形成过程中,在某种或某几种土壤形成过程驱动影响下,物质经淋溶、淀积、散失等形成的具有一定形态学特征的土层。

根据剖面形态特征差异,结合对土壤发生过程的理解,划分出各个土壤发生层。剖面形态特征观察主要从目视特征和触觉特征两个角度进行。

1. 目视特征

观察肉眼可见的土壤形态学差异,包括斑纹、胶膜、结核等新生体及颜色、根系、砾石、土壤结构体类型和大小、砖瓦陶瓷等人造物侵入体、石灰反应强弱、亚铁反应强弱等的差异。

2. 触觉特征

通过手触可感受到的土壤质地、土体和土壤结构体坚硬度或松紧度、土壤干湿情况等的差异。

（二）发生层命名

根据样点的土壤发生层特点，依据基本发生层类型及其附加特性，命名并记录土壤发生层名称与符号。

大写字母对应的是土壤基本层次，代表了土壤主要的物质淋溶、淀积和散失过程，指土壤发生层所具有的发生学上的特性。用英文小写字母并列置于基本发生层大写字母之后（不是下标）表示发生层的特性。举例：Ah代表自然土壤腐殖质层，Ap代表耕作层，Bt代表黏化层。

三、土壤剖面形态观察与记载

野外调查应记录每个土壤发生层的形态学特征，包括发生层厚度、边界、颜色、根系、质地、结构、砾石、结持性、新生体、侵入体、土壤动物、石灰反应、亚铁反应等指标。

（一）发生层性状

1. 厚度

记录每个发生层的上界和下界深度，如0～15cm、15～32cm。如果是枯枝落叶层，厚度用正数表示，如+3～0cm。

2. 边界

记录相邻发生层之间的过渡状况。记录其过渡形状和明显度两个指标。

3. 颜色

土壤颜色使用蒙塞尔颜色体系表征，野外统一获取润态土壤颜色，可使用喷水壶调节土壤湿度。如果野外不具备比色条件，回到室内，利用采集的纸盒样品，先比干态颜色，再滴水比润态颜色，并及时补充上报颜色数据。

若同一土层两种物质相互混杂，有两种以上的土壤底色时，对不同的底色分别加以描述，并描述不同颜色的面积占比。

4. 根系

记录土体中植物根系的形态特征，包括粗细状况、根系性质等。

（1）粗细。按直径（mm）可分为极细、细、中、粗、很粗。

（2）根系性质。木本或草本植物根系、活根或已腐烂根系。

5. 质地

野外调查一般采用"指测法"进行简易判断土壤质地，方法如下。

（1）砂土。松散的单粒状颗粒，能够见到或感觉到单个砂粒。干时若抓在手中，稍微松开后即散落；润时可呈一团，但一碰即散。

（2）砂壤土。干时手握成团，但极易散落；润时握成团后，用手小心拿起不会散开。

（3）壤土。松软并有砂粒感，平滑，稍黏着。干时手握成团，用手小心拿起不会散开；润时握成团后，一般性触动不至于散开。

（4）粉壤土。干时成块，但易弄碎，粉碎后松软，有粉质感；润时成团，为塑性胶泥。干、润时所呈团块可随便拿起而不散开；湿时以拇指与食指搓捻不成条，呈断裂状。

（5）黏壤土。破碎后呈块状，土块干时坚硬。湿土可用拇指和食指搓捻成条，但往往经受不住它本身的重量；润时可塑，手握成团，手拿起时更加不易散裂，反而变成坚实的土团。

（6）黏土。干时为坚硬的土块，润时极可塑，通常有黏着性，手指间搓成长的可塑土条。

6. 结构

结构指土壤颗粒（包括团聚体）的排列与组合形成的土块。野外调查中，主要记载土壤结构的类型、大小和发育程度。

7. 土体内砾石

土体内砾石指土体中能够从土壤分离出的大于2mm的岩石和矿物碎屑。主要记载砾石的丰度、大小、形状、风化状态等。填报土体内砾石丰度时，用实际估测的砾石体积百分比（%）数值表示，以5%为等级间隔填报具体数值。

8. 结持性

记录土壤结构体在手中挤压时破碎的难易程度。结持性受土壤含水量影响而变化，野外可喷水调节湿度，观察润态条件下的结持性。

（1）松散。土壤物质间无黏着性（两指相互挤压后无土壤物质附着在手上）。

（2）极疏松。在拇指与食指间施加极轻微压力下即可破碎。

（3）疏松。土壤物质有一定的抗压性，在拇指与食指间较易压碎。

（4）坚实。土壤物质抗压性中等，在拇指和食指间难压碎，但以全手挤压时可以破碎。

（5）很坚实。土壤物质的抗压性极强，只有全手使劲挤压时才可破碎。

（6）极坚实。在手中无法压碎。

9. 新生体

新生体指土壤发育过程中物质重新淋溶淀积和集聚的生成物。从成分上包括易溶性盐类、石膏、碳酸钙、二氧化硅、铁锰氧化物、腐殖质等。从形态上分为斑纹、胶膜、粉状结晶、结核、磐层胶结等。

10. 侵入体

侵入体指非土壤固有的，而是由外界进入土壤的特殊物质。描述和记录侵入体类型和丰度。

11. 土壤动物

在描述中，除描述和记录土壤动物的类型和丰度外，更要注重观察和描述土壤动物活动对土壤性状、土壤利用的影响，如动物空穴、蚯蚓粪等数量，对根系、适耕性产生的影响。

12. 野外速测特征

（1）石灰反应（盐酸泡沫反应）。测定石灰性土壤中碳酸盐的多寡，用10%稀盐酸滴定。

（2）亚铁反应。野外鉴定还原性土壤中的Fe^{2+}，加入邻菲罗啉试剂，形成橘红色配合物。

（3）碱化反应。判别碱化土壤，用酚酞指示剂测定。

（4）土壤酸碱反应。可利用混合指示剂比色法速测土壤酸碱度。

（二）土体性状

1. 有效土层厚度

有效土层厚度是从地表起植物根系可垂直延伸到从而吸收养分的土层厚度（不含半风化体、2mm以上砾石或卵石含量超过75%的碎石层）。当土体中有障碍层时，为障碍层上界面以上的土层厚度，记录其实际数值。当土体中既无碎石层也无障碍层时，为母质层上界面以上深度。单位：cm。

2. 土体厚度

土体厚度指>2mm砾石的体积占比≤75%的所有土层。此处砾石包括基岩、基岩的半风化体、洪积或冲积来的石块（包括鹅卵石）、粗砂以及次生的结核（如铁锰结核和砂姜）。包括表土层（如耕作层）、心土层等在内的土壤层总厚度。单位：cm。

3. 土体质地构型

土体质地构型指土壤剖面中各发生层土壤质地的排列状况，适用于平原、盆地区域的冲积物、沉积物母质发育的土壤类型。大致分为如下3个类型。

（1）均质质地剖面构型。即指从土表到100cm深度土壤质地基本均一，或其他质地的土层的连续厚度<15cm，或这些土层的累加厚度<40cm，续分为通体壤、通体砂、通体黏、通体砾4种类型。

（2）夹层质地剖面构型。即指从土表20～30cm、60～70cm深度内，夹有厚度15～30cm的与上下层土壤质地明显不同的质地土层，续分为砂/黏/砂、黏/砂/黏、壤/黏/壤、壤/砂/壤、其他（需注明）5种类型。

（3）体（垫）层质地剖面构型。即指从土表20～30cm出现厚度>40cm的不同质地的土层，续分为砂/黏/黏、黏/砂/砂、壤/黏/黏、壤/砂/砂、其他（需注明）5种类型。

（三）土壤剖面野外评述

对土壤剖面形态学特征、成土环境等观察与描述后，应对所观察的剖面进行综合评述，主要内容分为针对土壤剖面形态的发生学解释，以及土壤剖面的生产性能评述等。

1. 土壤剖面形态的发生学解释

针对土壤剖面的形态学特征，分析其与成土环境条件、形成过程之间的关系。例如，从剖面中出现的铁锈斑纹新生体，说明剖面中具有（或曾经有）水分上下运动的过程，而出现了氧化还原交替。对于某些野外难以理解的特征，应标注现象、特征与疑问，以便室内进一步分析时再作判定，并通过在线平台进行专家咨询。

2. 土壤剖面的生产性能评述

生产性能评述包括记录和评价土壤适耕性、障碍因素与障碍层次、土壤生产力水平及土宜情况，提出土壤利用、改良、修复等的建议。

四、剖面土壤样品采集

（一）土壤发生层样品采集

按照剖面发生层顺序，自下而上取样。每个发生层内部，在水平方向上均匀采样，在垂直方向上全层采样。可直接不锈钢工具取样，并剥离掉与不锈钢工具接触面的土壤。剔除明显可见的根系、砾石。砾石多的土壤应在野外过2mm以上孔径尼龙筛，并记录砾石体积与重量及采土区间的土壤体积，具体步骤参照表层土壤样品采集的相关要求。

（二）土壤发生层容重样品采集

用不锈钢环刀（统一用100mL体积的环刀）采集剖面土壤容重样品。具体操作如下：每个发生层均采集3个容重平行样品；每个发生层的3个容重平行样的采样位置在该发生层内垂直方向上均匀分布；垂直于观察面横向打入环刀；其他参照表层土壤容重样品采集。

（三）土壤水稳性大团聚体样品采集

采集土壤剖面第一个土壤发生层的土壤水稳性大团聚体样品，采样量为2kg，设为检测平行样的样点采集4kg。具体采样步骤参照表层土壤水稳性大团聚体样品采集的相关要求。

（四）纸盒土壤标本采集

每个剖面样点均需采集纸盒土壤标本。

1. 位置选择

按发生层分别选择代表该层特征的部位。若某层具有明显不均质的形态特征时，则需同时选择该层具有不同形态特征的部位。若某发生层较厚时，可在该层垂直方向上按性状分异取至少2个部位，占用2个纸盒格子。若出现基岩，应采集岩石样本放入纸盒最后一格。

2. 标本采集

在选定的部位上按格子大小划出轮廓，削去周围土壤，挖出土块；用小刀切去大于盒格体积的土壤，剪除露出的根系，放入盒格内，土块应尽量填满盒格，剥离出自然结构面，并与格沿基本齐平；纸盒内土块上下方向应与剖面保持一致，土块的展示面与剖面观察面一致；在盒格侧面注明所代表土壤发生层的层次上下界深度，盒盖上按要求填写样点编号、位置、地形、层次深度、采集时间、采集人等信息；盖上盒盖后，用橡皮筋捆绑，以防盒子松散、标本混撒。纸盒土壤标本运输至室内后，及时打开盒盖风干。

（五）整段土壤标本采集

1. 挖土壤剖面

用锹、锹、镐、铲等工具在确定的位置挖土坑，为便于实地操作，所挖的土坑尺度应比标准剖面稍大。

2. 修整剖面

先用平头铲将剖面表面略微修平，再用木条尺在表面反复摩擦。有尺痕处即为凸面，应用油漆刀铲去，如此反复，直至剖面表面修平。

3. 修切土柱

用剖面刀在剖面上划出土柱尺寸，用刀切去线外多余土壤，整修出与木盒内径相同的长方形土柱。在铲挖土柱两个侧面时，要用木条尺反复摩擦，多次修正，直至侧面光滑平整。

4. 框套土柱

将土柱底部挖空，将木框架套入，用大剖面刀削平土柱，盖上后盖并用螺钉固定。同时用一棍杖顶住木盒，使勿倾倒。

5. 分离土柱

自上而下小心在木盒两侧将土柱切出，可以用手锯将土柱从背面锯断。遇到植物根系要用修枝剪剪去。当上部部分土柱与坑壁分离后，即用约10cm宽的布带绕捆木盒和土柱以防土柱倒塌。当绕捆至土柱大半时，插入铁铲或撬棒，将土柱向后倾倒，抬出土坑，平放地面。

6. 运输

解开布带，去除表面多余土壤。铺上塑料薄膜并将面板盖上，用螺钉固定。在木盒上写上标记后，用大块泡沫布包裹。外面用宽布带捆牢，即可运输至室内制作。

注：本种方法在采集多砾石、疏松或湿土时需要小心谨慎操作。

（六）剖面土壤样品标签与包装

剖面土壤发生层样品、土壤容重样品、土壤水稳性大团聚体样品的标签与包装的具体要求参照表层土壤样品的相关要求。土壤整段标本和纸盒标本的标签与剖面样点标签相衔接。

（七）剖面土壤样品交接

采样后及时妥善将采集的土壤样品和标本分批交接至样品流转中心、样品制备实验室或标本制备单位，将剖面样点的水样交接至省级质控实验室，填写土壤样品交接表。

第四节　生物调查与取样

一、总体目标

针对重要土种，调查植物生长旺盛期土壤微生物、线虫、蚯蚓的生物量、活性、多样性和功能，评价重要土种的土壤质量与土壤健康状况，提出土壤生物功能提升的管理对策。

二、样品采集原则

土壤生物调查坚持样品采集的景观性原则、随机性原则和等量性原则。为了保证土壤样品表征典型土种，必须坚持样品采集的景观性原则，在一定区域景观类型下采集到形成的典型土种的土壤生物。为了保证土壤样品的代表性，必须坚持土壤生物样品采集的随机性原则，使组成总体的个体有同样的机会被选入样品，即组成样品的个体应当是随机地取自总体，避免人为因素的影响。为了保证采集的混合土壤生物样品具有可比性，土壤生物样品采集数量必须坚持等量性原则，采集相同数量的个体样品组成混合样品。

三、采样设计

（一）划分采样分区

以土壤三普剖面点为中心设置具有相同土壤理化性状、立地条件与生产利用情况的1hm^{2}样地，根据地形设置为100m×100m正方形或者50m×200m的长方形。每个样点的样地根据地形、土壤条件划分为3个条件相对一致的采样区域。

（二）确定采样点数

土壤微生物和线虫采样使用混合采样，采集扰动型样品。在采集多点组成的混合样品时，采样应沿着一定的路线，按照均匀、随机、等量和多点混合的原则进行。采样点均匀分布可以起到控制整个采样范围的作用；随机定点可以避免主观误差，提高样品的代表性；等量是要求每一采集点土样深度要一致，采样量要一致；多点混合是指把一个采样分区内各点所采集的土样均匀混合构成一个混合样品，以提高样品的代表性，一个混合样品由20个样点组成。每个采样区域采集6个混合样品。

（三）采样深度

采样深度在各个地形中均设置为0~20cm。

四、采样步骤

（一）位置选择

根据研究目的，选择土壤样本的代表性采集位点。采样点选在被采土壤类型特征明显的地方，地形相对平坦、稳定、植被良好；坡脚、洼地等具有从属景观特征的地点不设采样点；城镇、住宅、围墙、道路、沟渠、田埂、粪坑、堆肥点、坟墓附近等处人为干扰大，可能导致土壤性状变化，使土壤失去代表性，不宜设采样点；采样点离铁路、公路至少300m；采样点以剖面发育完整、层次较清楚、无侵入体为准，不在水土流失严重或表土被破坏处设采样点。确定采样位置并进行记录，例如在地图上参照易于辨认的静止物进行标注、使用非常精确的地图或使用GPS定位。

（二）采样现场和土壤信息记录

应系统地记录采样现场的植被、地形、天气和土地利用等情况，以及对土壤进行简单的田间描述。

（三）采样方法

1. 好气状态下土壤样品的采集

（1）先去除土壤上面的所有覆盖物，包括植物、苔藓、可见根系、凋落物，以及可见的土壤动物等。

（2）对于多点混合样，每个采样点的取土深度及重量应均匀一致，土样上层和下层的比例也要相同。采样铲或筒形取样器应垂直于地面，入土至规定的深度；斜插或入土角度不同，有可能使各样点的取土深度不够一致。

（3）用于土壤微生物性质分析和土壤线虫分离鉴定的每个混合样品以1 000g左右为宜。

（4）采集的样品量过多时，可用四分法将多余的土壤弃去。四分法是将采集的土样放在盘子里或塑料布上，掰碎、混匀，铺成四方形，画对角线将土样分成四等份；把对角的两份分别合并成一份，保留一份，弃去一份。如果所得的土样仍然很多，可多次重复使用四分法缩分，直至所需重量。

（5）样品采集后立即装到4℃冷藏箱或者冰袋中保存，以最快最直接的运输方式送往实验室进行分析。

2. 淹水或潮湿的稻田和湿地土壤样品的采集

（1）若土壤已被排干或自然水位在地表以下，则上部土层的样品按与好气状态下土壤样品相同的方式采取；在水位下面的土样用泥炭钻或掘洞器采取。

（2）把淹水状态下采取的各层土样排在塑料布上，经验对后立即装入塑料袋，以手揉搓样袋驱出空气，扎紧袋口，贴上标签；再套上另一个塑料袋，扎紧袋口，贴上另一份相同的标签。

（3）采集水稻土或湿地等烂泥土样时，四分法难以应用，可改为在塑料盆（桶）中用塑料棒将样品搅匀，取出所需数量的土样。

（四）样品标记

盛放样品的容器要进行清楚地标记，而且标记信息应该是唯一的，使每份样品都和取样点对应。好气土壤在样品袋或容器内外各放置一张标签，用铅笔注明采样地点、日期、采样深度、土壤名称、编号及采样人等。淹水土壤使用不透水的双层样品袋或容器盛放，外层容器的内外各放置一张标签。避免使用从土壤中吸收水分或向土壤中释放溶剂或增塑剂之类物品作为标签。标记样品的同时在采样报告上做好采样记录。采样结束后，由专人逐项检查采样记录、样袋标签和土壤样品，如有缺项和错误，及时补齐更正。

（五）样品保存与运输

在样地里采集土壤线虫和微生物样品后，装在无菌自封袋中立即转移至样品中转站保存，具体操作如下。

选取保温性能好的塑料收纳箱，用保温铝箔将收纳箱内侧包裹紧实，按照采样点将土壤线虫和微生物样品分开存放于两个收纳箱中。为保证采集线虫和微生物的生物活性，土壤样品与干冰冰袋分层放置进行低温储存，使土壤样品处于低温状态且受冷均匀，降低温度对线虫和微生物样品的影响。土壤线虫根据运输时间长短，保持土壤40%~60%的水分。选用顺丰等特快专递寄送样品，样品运输途中避免雨淋和暴晒。在邮寄样品时还需再一次核对样品类别和数量。

（六）样品中转站

样品中转站集成了标准化收集、处理、储存和分配土壤微生物和线虫样本等功能。中转站线虫和微生物样品库分别配有专人负责。

（1）加工处理组。负责接收入库生物样品，核对样品类别和数量，并根据样品种类与研究需求进行分装和处理等。

（2）冻存管理组。负责样品的出入库管理、追踪核实样本库存情况与质量检测控制等工作。

中转站配备低温保存土壤微生物和线虫样品的冰箱（4℃冰箱和-80℃超低温冰箱）。土壤微生物和线虫样品短期保存于4℃冰箱，样品采集的一周内需完成线虫分离和制片，以及微生物和线虫基因组DNA提取。提取的微生物和线虫基因组DNA加入甘油保存在冻存管中，储存于-80℃超低温冰箱，避免反复冻融，提高样本中DNA的稳定性。冻存管上标记二维码信息，方便信息提取和快速查询。

第三章 内业测试化验

第一节 工作任务

第三次全国土壤普查内业测试化验是连接外业调查采样与成果汇交汇总的关键环节，是基础数据的重要来源，是直接关系整个土壤三普成果及应用的重要步骤。第三次全国土壤普查内业测试化验工作包括样品接收、制备、流转、转码、检测与数据上报等多个环节内容，是一项环节多、技术性强、要求高、时间紧的工作任务。

一、工作环节

（一）样品接收

样品接收是指各区土壤采样单位将土壤样品运送至样品制备实验室的过程。各区土壤普查办负责运送本区采集的土壤样品至指定的样品制备实验室，统筹安排本区采集样品的批次运送，并指定专人负责运送全程。制备实验室指定专人负责样品接收全程。

（二）样品制备

样品制备是指制备实验室将接收到的样品进行风干、制备的过程。根据不同土壤样品类型，样品制备主要是统一将表层样品和剖面样品粗磨成通过2mm孔径筛的样品，将水稳性大团聚体样品制备成1.0~1.2mm粒径的土粒。

（三）样品流转

样品流转是指制备实验室将制备好的样品组批流转至质控实验室，质控实验室将组批转码后的样品流转至检测实验室的过程。

（四）样品转码

样品转码是指质控实验室将制备好的样品按照不多于48个一批次进行组批，每批次加入一个密码质控样、一个密码平行样并转换样品编码的过程。

（五）样品检测

样品检测是指检测实验室按照国家和市级制定的技术规范和方法要求进行土壤检测的过程。

（六）数据上报

数据上报是指将样品制备数据、质控样证书信息及质控指标正确度范围数据、检测指标数据上报至国家土壤普查平台系统内的过程。

二、职责分工

（一）项目实施单位

负责组织协调工作，包括制定内业测试化验实施方案以及技术规范等，监督落实各项工作内容，公开招标样品制备和检测实验室，组织开展技术骨干培训、宣传和数据审核等。

（二）市级质控实验室

负责内业测试化验全程质量控制。包括样品制备、保存、流转、检测等关键环节工作的监督检查以及实验室的外部质量监督检查，动态掌握各实验室工作质量；完成样品组批与转码，并做好批次样品转码和信息记录等；完成≥5‰样品的留样抽检；配合完成检测数据审核与校核；对测试化验过程中遇到的技术问题提出解决措施，协助开展实验室技术骨干培训；对发现存在质量问题的制样和检测实验室，会同专家查找分析原因并监督整改。

（三）制备实验室

按照全国土壤三普内业相关技术规范和实验室管理办法要求，完成样品接收、风干、制样、流转及保存等相关工作。

（四）检测实验室

按照全国土壤三普内业相关技术规范和实验室管理办法要求，完成土壤样品细磨和检测，保证检测数据真实、准确，并及时做好数据上报。

第二节　样品制备

土壤样品制备阶段包括样品接收、风干、制备、流转、保存等内容。

一、样品接收

根据采集样品类型，接收样品种类分为表层样品、剖面样品、水稳性大团聚体样品和容重样品。

（一）接收样品包装与运输

制备实验室接收的样品由外业采样队负责样品的包装与运输。表层样品和剖面样品一般用布袋包装，袋口扎紧。水稳性大团聚体样品使用材质较硬的长方形塑料盒、铝盒或铁盒盛装盖严后，放入运输箱中，该样品在采集、保存和运输过程中，要保证样品的原状特征。容重样品使用自封袋包装。耕地、林地、草地容重样品为3个重复样品，园地容重样品为4个重复样品。

（二）接收样品重量

根据运输、风干、制备、分装等过程中的自然损耗量以及样品库长期保存量、制备实验室留存量、检测实验室送检量的要求，样品制备实验室接收鲜样量上浮不超过0.5kg，具体接收样品量要求如下：

表层样品和剖面样品不少于5.0kg（鲜样）；

水稳性大团聚体样品不少于2.0kg（鲜样）。

常规点位和密码平行点位均执行以上接样量。

（三）样品接收要求

样品接收工具有手持终端、标签打印机、碳带、标签纸和电脑等。外业调查采样队采集的土壤样品应妥善保存，按批次由专人负责送往样品制备单位。若确因距离较远需要建立中转场所，应经区级第三次全国土壤普查领导小组办公室同意。中转场所需委派专人负责样品保管，防止样品发生霉变、污染、破袋、混淆等。

样品风干制备单位要指定专人负责样品接收和确认，接收样品时,重点检查样品标签、样品状况、样品重量、样品数量、样品包装情况等,样品重量应满足风干后土壤样品库样品和粗磨后留存样品、送检样品等样品重量要求。检查完成后对新鲜土样进行称重,准确记录接收样品重量,如发现破损、重量不足、样品信息不全等情况不予接收,并及时报告区级土壤普查办,同时上报市土壤普查办。

样品接收后应及时按照耕园地表层样品、耕园地剖面样品、林草地表层样品、林草地剖面样品、水稳性大团聚体样品分类分区摆放风干。

二、样品风干

样品风干主要指土壤表层样品、剖面样品、水稳性大团聚体样品的风干工作。

(一)风干场地

风干场地应位于交通便利的位置,周围无粉尘,无易挥发性化学物质等明显污染源。样品风干室应通风良好、整洁、无易挥发性化学物质,并避免阳光直射,确保可摊晾面积满足风干样品数量要求(可按照50cm×50cm测算每个样品摊晾面积)。根据室内层高,可采用不锈钢、铝合金、竹、木等材质搭建风干架分层摊晾,每层空间间距30cm以上,保证上下层样品间不会交叉污染。摊晾架间宽度不小于1m,用于人工通道。

风干场地应有明确的内部分区,应包括样品接收及整理功能区、样品风干室、样品暂存(含样品组批包装工作区)功能区等,各功能区应分布合理、标识明显,避免样品流转过程混乱、交叉影响。风干场地内应安装在线视频监控设备,用于样品风干过程日常监督检查和管理。

（二）风干工具

样品风干工具包括风干架、小推车、木盘（无污染聚乙烯托盘或筐、有机玻璃盘）、牛皮纸、木棰、木铲、一次性丁腈或聚乙烯等材料手套、阻隔板、电子秤或台秤（称量范围15kg以上）、手持终端、标签纸、电脑、打印机、原始记录表等。聚乙烯塑料盒、布袋等备用样品包装容器规格要求与外业调查采样保持一致。

（三）风干过程

1. 表层样品和剖面样品风干过程

在风干室将土样放置于盛样器皿中，除去土壤中混杂的动植物残体等，摊成2~3cm的薄层，置于摊晾架等设施上，在阴凉处自然风干，严禁暴晒或烘烤。摊晾样品时，从摊晾架最上面一层开始，避免摊晾过程中土壤掉落污染下层样品。将外标签完好的取样布袋（如有缺失或字迹不清晰，需核对后重新打印）垫于样品盘下方，取样布袋内的标签置于样品盘中用土块压实防止丢失。两个样品间放置间距应不小于10cm，并用阻隔板等方式进行隔离，防止交叉污染。风干过程中，应适时翻动，用木棰敲碎（或用两个木铲搓碎）土样，进一步清理土壤中的动植物残体等杂物。翻动过程要注意防止样品间交叉污染。对于黏性土壤，在土壤样品半干时，戴一次性丁腈或聚乙烯等无污染材质手套将大块土捏碎，以免完全干后结成硬块。清理出来的砾石等不得随意丢弃，应集中放置在样品盘角落，待风干完成后集中称重并记录后再行弃去。确保样品在风干和再包装过程中，样品袋、标签与土壤样品一一对应，不得混淆。

2. 水稳性大团聚体样品风干过程

将野外采集的土壤在湿润状态（不粘手且容易剥开、经接触不变形），沿自然结构轻轻剥成10~12mm直径的小土块，弃去根系与植物残渣和杂物。剥样时应避免样品受机械压力而变形。样品风干时应将样品小心摊晾在样品盘中，于阴凉处自然风干，避免受机械压力或重力挤压而变形。风干过程与表层样和剖面样不同，应保持土块原样，不得再次压碎、捏碎。

（四）样品风干包装

完全自然风干后的土壤样品应分别称重并满足风干土壤重量（扣除碎石、石砾和动植物残体重量）和样品状况等要求后再行包装。包装样品时应从摊晾架最下面一层开始，避免收样过程中土壤掉落污染其他样品。将自然风干后的土壤表层样品和剖面样品归置于原取样布袋中，确保原取样布袋上的标签和袋内样品标签（自封袋封装）对应清楚；将自然风干后的水稳性大团聚体样品盛装于原样品盒中，并确保样品盒内外均有样品标签且对应清楚，其中一张标签张贴在塑料盒正面，一张标签置于塑料盒内（自封袋封装）。

（五）风干样品分装

表层样品和剖面样品风干后多次混匀，保证土壤样品全部混匀后，采用四分法分取3份，一份分取2kg用于样品制备，其中平行样分取2.5kg；一份分取500g，装入棕色磨口玻璃瓶，用于流转至国家土壤样品库；最后一份为前两份分取后剩余样品，装回原采样袋，用于流转至本市土壤样品库。

水稳性大团聚体样品制备风干后,全部装回原样品盛放盒,用于流转检测。

(六)样品风干记录

风干过程中应填写土壤样品接收和风干记录表,包括接收样品重量、风干后样品重量、风干过程中去除的碎石和石砾等重量、风干过程的起止时间等信息。

三、样品制备

根据接收样品种类和制备要求,土壤样品制备种类分为表层样品、剖面样品和水稳性大团聚体样品的制备。

(一)制样场地

样品制备室应通风良好,面积不少于80m²,室内具备互联网络条件,并安装在线全方位监控摄像头,确保可以随时接受国家或本省质控实验室的远程实时检查制样过程,制样过程全程摄像并保存记录不少于3年。每个制样工位做到适当隔离,避免交叉污染。

(二)制样工具

制样工具包括盛样用搪瓷盘、木盘、塑料盘、有机玻璃盘等;土壤粉碎和粗磨用木槌、木铲、木棍、有机玻璃棒、有机玻璃板或硬质木板、无色聚乙烯薄板等;孔径为2mm的尼龙筛;用于静电吸附除去植物残体的器具,如有机玻璃棒、丝绸和静电除杂仪器等;磨口玻璃瓶、聚乙烯塑料瓶、牛皮纸袋等样品分装容器,规格根据样品量而定,可采用不同规格的瓶(袋)分装不同粒径的样品。不得使用含有待测组分或对测试有干扰的材料制成的样品瓶或样品袋盛装样品；电子天平、原始记录表等。

（三）表层样品和剖面样品制备

1. 粗磨

在制样室将用木棍或有机质玻璃棒擀碎，如有较大的硬土块，可用木槌或橡皮槌轻轻敲碎，拣出杂质，细小已断的植物须根采用静电吸附的方法清除。将全部土样手工研磨后混匀，过孔径2mm（10目）尼龙筛，去除2mm以上的石砂，大于2mm的土团要反复研磨、过筛，直至全部通过。研磨过程中不可随意遗弃样品，注意记录用于制备的土壤样品风干重量、制备过程中弃去的石砾和石砂重量以及过筛后的样品重量。

2. 分装

粗磨后样品应充分混匀，四分法分取送检样品和留存样品。每个表层样品和剖面样品的送检样品为800g（可略向上浮动，但不能少于800g），留存样品为送检后剩余样品，不少于1 100g；密码平行样品送检样品为1 600g（可略向上浮动，但不能少于1 600g），留存样品为送检后剩余样品，不少于800g。

（四）水稳性大团聚体样品制备

将野外采集的土壤水稳性大团聚体样品（不粘手且容易拨开，经接触不变形）沿自然结构轻轻剥成1.0~1.2cm直径的小土块，弃去根系与植物残渣、石块和杂物。剥样时应沿土壤的自然结构轻轻剥开，避免受机械压力而变形。然后将样品按表层样品制备相关要求风干，风干时应尽可能保持样品形态，严禁压碎或搓碎样品。制备现场注意记录风干样品重量以及弃去的石块等杂物的重量。风干后四分法分装时,每个送检样品量为全部制备后的样品(样品量不少于1 100g),密码平行样品量每份不少于1 600g。

四、样品流转

(一)制备实验室样品流转

1. 至质控实验室的样品流转

制备实验室制备好的样品流转至质控实验室的样品类型包括表层样品、剖面样品和水稳性大团聚体样品。

样品流转时按照耕园地表层样品、耕园地剖面样品、林草地表层样品、林草地剖面样品和水稳性大团聚体样品的分类分别组批流转。除水稳性大团聚体样品以外的样品类型每批次为48个样品,还有1个平行样品(即一共49个样品);水稳性大团聚体样品每批次为49个样品,还有1个平行样品(即一共50个样品)。

负责样品流转的制备实验室应指定专人负责在样品装运现场核对样品,重点检查样品数量、样品标签、样品重量、样品包装容器、样品目的地、样品应送达时限等,如有破损、撒漏或标签有缺项,应及时补齐、修正后方可装运。土壤样品装运记录表一式两份,一份随样品装运至接样单位,以便核对;另一份本实验室留存。

交接样品时,样品制备实验室负责专人和质控实验室负责专人双方现场进行样品接收确认,重点检查样品标签、样品状况、样品重量、样品数量、样品包装情况等内容,利用手持终端扫码收样确认,如发现破损、重量不足、样品信息不全等情况不予接收,并及时报告本市土壤普查办。样品接收确认完成后填写样品交接记录，双方签字后进行留存。

2.至土壤样品库的样品流转

土壤样品库包括国家土壤样品库和本市土壤样品库。制备实验室流转至国家土壤样品库的为风干混匀后的原状土，流转样品重量不少于500g。流转至本市土壤样品库的样品包括风干混匀后分装的表层样品和剖面样品。表层样品为粗磨后剩余风干原状土，剖面样品为粗磨后除去给国家土壤样品库的剩余风干原状土。

3.至本实验室样品保存室的样品流转

制备实验室流转至本实验室样品保存室的样品为制备好的留存样品，样品量不少于300g。

（二）质控实验室样品流转

质控实验室完成平行样、质控样的添加和转码后，流转至检测实验室的送检样品。

五、样品保存

（一）保存场所

土壤普查样品放于实验室样品保存室集中造册保存，样品须密封存放，室温不高于30℃条件下保存，同时保持室内干燥，避免日光、潮湿、高温和酸碱气体等因素的影响。

（二）保存时间

留存在实验室的制备后留存样品、检测预留样品和检测剩余样品，保存时间不少于3年，实验室不得随意处理，根据本市土壤普查办有关要求再行处理。

六、注意事项

样品制备过程风干环节以及制备样品、样品库样品、送检样品等样品分装前均应充分混匀样品，以保证每份样品都具有代表性。样品制备过程中制备样品、样品库样品、送检样品和预留样品等样品规定的量都是最低量，实际称样时只可上浮，不得低于规定的量。样品风干、粗磨、分装过程中样品编码必须始终保持一致。制样所用工具每处理完1份样品后需清洗干净，避免交叉污染。定期检查样品标签，严防样品标签模糊不清或脱落丢失。样品制备时现场填写土壤样品制备记录表，相关制备信息上报土壤普查工作平台。注意称重记录，从接收到制备完成过程，应记录接收样品重量、风干过程弃去的碎石和石砾重量、风干样品重量、待发送国家土壤样品库和本市土壤样品库重量、用于制备的风干样品重量、制备过程中弃去的碎石和石砾重量、粗磨过筛后的样品重量、送检样品重量和留存样品重量。

第三节　样品组批转码

制备的送检样品需经过质控实验室组批转码后才能流转至检测实验室进行检测，质控实验室按照耕园地表层样品、耕园地剖面样品、林草地表层样品、林草地剖面样品和水稳性大团聚体样品分别组批转码。

一、表层样品和剖面样品组批转码

质量控制实验室按样品批次加入密码平行样品和质控样品。依据质量控制技术规范要求，按照50个样品一批次组批，每批次应包含送检样品48个、密码平行样品1个、质控样品1个。样品不足48个时，按照实际样品数量组批。每批次的密码平行样品和质控样品各不少于1个。组批时添加的标准物质一般使用有证且符合本地土壤类型的标准物质。组批完成后做好批次样品转码和信息记录。

二、水稳性大团聚体样品组批转码

质量控制实验室按水稳性大团聚体样品批次加入密码平行样品，50个样品组成一个批次，每批次包含送检样品49个，密码平行样品1个。样品不足49个时，按照实际数量进行组批。每批次的密码平行样品不少于1个，组批完成后做好批次样品转码和信息记录。

第四节　样品检测

一、样品细磨

（一）过2mm孔径筛样品

检测实验室接收到的已过2mm孔径筛的土样可直接测定土壤pH值、交换性盐基、有效养分含量等，但有些指标需要在此基础上细磨后才能用于检测，样品检测实验室须根据检测参数的检测标准和方法要求进一步进行细磨后再进行检测。不同检测指标样品粒径和样品量要求见表3-1。检测实验室在各粒径样品量的需求上，根据不同指标检测样品数量需求量以及分装等过程中产生的损耗量，适当增加细磨量。

表3-1 不同检测指标粒径和样品量要求

检测指标	2mm样品粒径样品量/g	0.25mm粒径样品量/g	0.149mm粒径样品量/g	备注
容重				采样原状土和重量
机械组成	40			
水稳性大团聚体				1~1.2cm风干土，1 100g
pH值	10			
阳离子交换量	2			
交换性盐基及盐基总量	5~10			
水溶性盐	50			
有机质		0.05~0.5		
碳酸钙		1~10		
全氮		1		
全磷			0.3	
全钾			0.26	
全硫			1	
全硼			0.15~0.25	
全硒			2	
全铁、全锰、全铜、全锌、全铝、全钙、全镁			10	
全钼			10	
全硅			0.2	

（续表）

检测指标	2mm样品粒径样品量/g	0.25mm粒径样品量/g	0.149mm粒径样品量/g	备注
有效磷	2.5			
速效钾	5			用2mm粒径样品检测
缓效钾	2.5			用2mm粒径样品检测
有效硫	10			
有效硼	10			
有效铁、有效锰、有效铜、有效锌	10~20			
有效钼	5			
总汞、总砷			0.2~1.0	
总铅、总镉、总铬、总镍			10	

（二）过0.25mm孔径筛样品

将通过2mm孔径筛的土样用四分法或多点取样法分取约20g，用木槌、玻璃棒或玛瑙研钵磨细，使之全部通过0.25mm孔径（60目）筛，供有机质、全氮等项目的测定。

（三）过0.149mm孔径筛样品

将通过2mm孔径筛的土样用四分法或多点取样法分取约40g，用玛瑙研钵磨细，使之全部通过0.149mm孔径（100目）筛。供测定部分全量养分、重金属等指标的测定。

（四）注意事项

细磨过程中样品编码必须始终保持一致；制样所用工具每处理完1个样品后需清洁干净，避免交叉污染；细磨过程中严禁套筛；样品制备时应现场填写土壤样品制备记录。

二、检测指标

不同土壤类型检测指标不一致，北京市土壤检测指标包括土壤容重、机械组成、土壤水稳性大团聚体、pH值、阳离子交换量、交换性盐基及盐基总量、水溶性盐（水溶性盐总量、电导率、水溶性钠离子、钾离子、钙离子、镁离子、碳酸根、碳酸氢根、硫酸根、氯根）、有机质、碳酸钙、全氮、全磷、全钾、全硫、全硼、全铁、全锰、全铜、全锌、全钼、全铝、全硅、全钙、全镁、有效磷、速效钾、缓效钾、有效硫、有效硅、有效铁、有效锰、有效铜、有效锌、有效硼、有效钼、总汞、总砷、总铅、总镉、总铬、总镍。

随着耕地园地、林地草地的表层样品和剖面样品不同，检测指标不同，具体检测指标见表3-2。

表3-2 土壤样品检测指标

序号	参数	耕园地土壤样品		林草地土壤样品	
		剖面样	表层样	剖面样	表层样
1	土壤容重	√	√	√	√
2	机械组成	√	√	√	√
3	土壤水稳性大团聚体	√	√		
4	pH值	√	√	√	√

（续表）

序号	参数	耕园地土壤样品		林草地土壤样品	
		剖面样	表层样	剖面样	表层样
5	阳离子交换量	√	√	√	√
6	交换性盐基及盐基总量（交换性钙、交换性镁、交换性钠、交换性钾、盐基总量）	√	√	√	√
7	水溶性盐（水溶性盐总量、电导率、水溶性钠离子、钾离子、钙离子、镁离子、碳酸根、碳酸氢根、硫酸根、氯根）	√	√		
8	有机质	√	√	√	√
9	碳酸钙（无机碳）	√		√	
10	全氮	√	√	√	√
11	全磷	√	√	√	√
12	全钾	√	√	√	√
13	全硫	√		√	
14	全硼	√			
15	全铁	√		√	
16	全锰	√			
17	全铜	√			
18	全锌	√			
19	全钼	√			
20	全铝	√			
21	全硅	√			

（续表）

序号	参数	耕园地土壤样品		林草地土壤样品	
		剖面样	表层样	剖面样	表层样
22	全钙	√			
23	全镁	√			
24	有效磷	√	√	√	√
25	速效钾	√	√	√	√
26	缓效钾	√	√		
27	有效硫	√	√		
28	有效硅	√	√		
29	有效铁	√	√		
30	有效锰	√	√		
31	有效铜	√	√		
32	有效锌	√	√		
33	有效硼	√	√		
34	有效钼	√	√		
35	总汞	√	√		
36	总砷	√	√		
37	总铅	√	√		
38	总镉	√	√		
39	总铬	√	√		
40	总镍	√	√		

注："√"表示检测。

三、检测标准和方法

第三次全国土壤普查土壤指标的检测标准以农业行业标准为主,结合林业行业标准和生态环境标准,各项指标检测标准和方法见表3-3。为保证检测数据的一致性,北京市第三次全国土壤普查土壤指标检测方法在此表的基础上,根据本市承担任务实验室常用仪器和检测方法,进一步进行了统一,达成本市统一的检测标准和方法。

表3-3 土壤指标检测标准和方法

序号	指标	方法	标准或规范	备注
1	土壤容重	环刀法	《土壤检测 第4部分:土壤容重的测定》(NY/T 1121.4—2006)	
2	机械组成	吸管法	《土壤分析技术规范》(第二版),5.1 吸管法	
3	土壤水稳性大团聚体	筛分法	《土壤检测 第19部分:土壤水稳性大团聚体组成的测定》(NY/T 1121.19—2008)	
4	pH值	电位法	《土壤检测 第2部分:土壤pH的测定》(NY/T 1121.2—2006)	
5	阳离子交换量	乙酸铵交换法	《土壤分析技术规范》(第二版),12.2 乙酸铵交换法	pH值≤7.5的样品
		EDTA—乙酸铵盐交换法	《土壤分析技术规范》(第二版),12.1 EDTA—乙酸铵盐交换法	pH值>7.5的样品

（续表）

序号	指标	方法	标准或规范	备注
6	交换性盐基及盐基总量（交换性钙、交换性镁、交换性钠、交换性钾、盐基总量）	乙酸铵交换法等	《土壤分析技术规范》（第二版），13.1 酸性和中性土壤交换性盐基组成的测定（乙酸铵交换法）（交换液中钾、钠、钙、镁离子的测定增加等离子体发射光谱法，参考HJ 776—2015，详见培训教材《第三次全国土壤普查样品制备与检测》第三章第六部分内容）	pH值≤7.5的样品
		氯化铵—乙醇交换法等	《石灰性土壤交换性盐基及盐基总量的测定》（NY/T 1615—2008）（交换液中钾、钠、钙、镁离子的测定增加等离子体发射光谱法，参考HJ 776—2015，详见培训教材《第三次全国土壤普查样品制备与检测》第三章第六部分内容）	pH值>7.5的样品
7	水溶性盐（水溶性盐总量、电导率、水溶性钠离子、钾离子、钙离子、镁离子、碳酸根、碳酸氢根、硫酸根、氯根）	质量法等	参考《森林土壤水溶性盐分分析》（LY/T 1251—1999），以培训教材《第三次全国土壤普查样品制备与检测》第三章第七部分内容规定为准	
8	有机质	重铬酸钾氧化—容量法	《土壤检测 第6部分：土壤有机质的测定》（NY/T 1121.6—2006）	北京市优先采用该方法

（续表）

序号	指标	方法	标准或规范	备注
8	有机质	元素分析仪法	土壤中总碳和有机质的测定 元素分析仪法（详见培训教材《第三次全国土壤普查样品制备与检测》第三章第八部分内容）	
9	碳酸钙	气量法	《土壤分析技术规范》（第二版），15.1 土壤碳酸盐的测定	
10	全氮	自动定氮仪法	《土壤检测 第24部分：土壤全氮的测定 自动定氮仪法》（NY/T 1121.24—2012）	
11	全磷	酸溶—电感耦合等离子体发射光谱法	参考《森林土壤磷的测定》（LY/T 1232—2015），以培训教材《第三次全国土壤普查样品制备与检测》第三章第十一部分内容规定为准	
12	全钾	酸溶—电感耦合等离子体发射光谱法	参考《森林土壤钾的测定》（LY/T 12342015），以培训教材《第三次全国土壤普查样品制备与检测》第三章第十二部分内容规定为准	
13	全硫	硝酸镁氧化—硫酸钡比浊法	《土壤分析技术规范》（第二版），16.9 全硫的测定（硝酸镁氧化—硫酸钡比浊法）	北京市采用该方法
		燃烧红外光谱法	培训教材《第三次全国土壤普查样品制备与检测》第三章第十三部分内容	
14	全硼	碱熔—等离子体发射光谱法	《土壤分析技术规范》（第二版），18.1 土壤全硼的测定	北京市采用该方法
		碱熔—姜黄比色法	《土壤分析技术规范》（第二版），18.1 土壤全硼的测定	

（续表）

序号	指标	方法	标准或规范	备注
15	全铁	酸消解—电感耦合等离子体发射光谱法	《固体废物 22种金属元素的测定 电感耦合等离子体发射光谱法》（HJ 781—2016）	
16	全锰	酸消解—电感耦合等离子体发射光谱法	《固体废物 22种金属元素的测定 电感耦合等离子体发射光谱法》（HJ 781—2016）	
17	全铜	酸消解—电感耦合等离子体发射光谱法	《固体废物 22种金属元素的测定 电感耦合等离子体发射光谱法》（HJ 781—2016）	北京市采用此方法
		酸消解—电感耦合等离子体发射质谱法	《固体废物 金属元素的测定 电感耦合等离子体质谱法》（HJ 766—2015）	
18	全锌	酸消解—电感耦合等离子体发射光谱法	《固体废物 22种金属元素的测定 电感耦合等离子体发射光谱法》（HJ 781—2016）	北京市采用此方法
		酸消解—电感耦合等离子体发射质谱法	《固体废物 金属元素的测定 电感耦合等离子体质谱法》（HJ 766—2015）	
19	全钼	酸消解—电感耦合等离子体质谱法	参考《固体废物 金属元素的测定 电感耦合等离子体质谱法》（HJ 766—2015），以培训教材《第三次全国土壤普查样品制备与检测》第三章第二十部分内容规定为准	

（续表）

序号	指标	方法	标准或规范	备注
20	全铝	酸消解—电感耦合等离子体发射光谱法	《固体废物 22种金属元素的测定 电感耦合等离子体发射光谱法》（HJ 781—2016）	
21	全硅	碱熔—电感耦合等离子体发射光谱法	《土壤和沉积物 11种元素的测定 碱熔—电感耦合等离子体发射光谱法》(HJ 974—2018)	
22	全钙	酸消解—电感耦合等离子体发射光谱法	《固体废物 22种金属元素的测定 电感耦合等离子体发射光谱法》（HJ 781—2016）	
23	全镁	酸消解—电感耦合等离子体发射光谱法	《固体废物 22种金属元素的测定 电感耦合等离子体发射光谱法》（HJ 781—2016）	
24	有效磷	氟化铵—盐酸溶液—钼锑抗比色法	《土壤检测 第7部分：土壤有效磷的测定》（NY/T 1121.7—2014）	pH值<6.5的样品
		碳酸氢钠浸提—钼锑抗比色法	《土壤检测 第7部分：土壤有效磷的测定》（NY/T 1121.7—2014）	pH值≥6.5的样品
25	速效钾	乙酸铵浸提—火焰光度法	《土壤速效钾和缓效钾含量的测定》（NY/T 889—2004）	样品粒径统一用2mm的制备样品

（续表）

序号	指标	方法	标准或规范	备注
26	缓效钾	热硝酸浸提—火焰光度法	《土壤速效钾和缓效钾含量的测定》（NY/T 889—2004）	样品粒径统一用2mm的制备样品
27	有效硫	磷酸盐—乙酸溶液—电感耦合等离子体发射光谱法	《土壤检测 第14部分：土壤有效硫的测定》（NY/T 1121.14—2023）	pH值<7.5的样品
27	有效硫	氯化钙浸提—电感耦合等离子体发射光谱法	《土壤检测 第14部分：土壤有效硫的测定》（NY/T 1121.14—2023）	pH值≥7.5的样品
28	有效铁	DTPA浸提—原子吸收分光光度法	《土壤有效态锌、锰、铁、铜含量的测定 二乙三胺五乙酸（DTPA）浸提法》（NY/T 890—2004）	
28	有效铁	DTPA浸提—电感耦合等离子体发射光谱法	《土壤有效态锌、锰、铁、铜含量的测定 二乙三胺五乙酸（DTPA）浸提法》（NY/T 890—2004）	北京市优先采用该方法
29	有效锰	DTPA浸提—原子吸收分光光度法	《土壤有效态锌、锰、铁、铜含量的测定 二乙三胺五乙酸（DTPA）浸提法》（NY/T 890—2004）	
29	有效锰	DTPA浸提—电感耦合等离子体发射光谱法	《土壤有效态锌、锰、铁、铜含量的测定 二乙三胺五乙酸（DTPA）浸提法》（NY/T 890—2004）	北京市优先采用该方法

（续表）

序号	指标	方法	标准或规范	备注
30	有效铜	DTPA浸提—原子吸收分光光度法	《土壤有效态锌、锰、铁、铜含量的测定 二乙三胺五乙酸（DTPA）浸提法》（NY/T 890—2004）	
		DTPA浸提—电感耦合等离子体发射光谱法	《土壤有效态锌、锰、铁、铜含量的测定 二乙三胺五乙酸（DTPA）浸提法》（NY/T 890—2004）	北京市优先采用该方法
31	有效锌	DTPA浸提—原子吸收分光光度法	《土壤有效态锌、锰、铁、铜含量的测定 二乙三胺五乙酸（DTPA）浸提法》（NY/T 890—2004）	
		DTPA浸提—电感耦合等离子体发射光谱法	《土壤有效态锌、锰、铁、铜含量的测定 二乙三胺五乙酸（DTPA）浸提法》（NY/T 890—2004）	北京市优先采用该方法
32	有效硼	沸水提取—电感耦合等离子体发射光谱法	培训教材《第三次全国土壤普查样品制备与检测》第三章第三十四部分内容	
33	有效钼	草酸—草酸铵浸提—电感耦合等离子体质谱法	《土壤检测 第9部分：土壤有效钼的测定》（NY/T 1121.9—2023）	
34	总汞	氢化物发生原子荧光法	《土壤质量 总汞、总砷、总铅的测定 原子荧光法 第1部分：土壤中总汞的测定》（GB/T 22105.1—2008）	
35	总砷	原子荧光法	《土壤质量 总汞、总砷、总铅的测定 原子荧光法 第2部分：土壤中总砷的测定》（GB/T 22105.2—2008）	

(续表)

序号	指标	方法	标准或规范	备注
36	总铅	酸消解—电感耦合等离子体质谱法	参考《固体废物 金属元素的测定 电感耦合等离子体质谱法》（HJ 766—2015），以培训教材《第三次全国土壤普查样品制备与检测》第三章第三十九部分内容规定为准	
37	总镉	酸消解—电感耦合等离子体质谱法	参考《固体废物 金属元素的测定 电感耦合等离子体质谱法》（HJ 766—2015），以培训教材《第三次全国土壤普查样品制备与检测》第三章第四十部分内容规定为准	
38	总铬	酸消解—电感耦合等离子体质谱法	参考《固体废物 金属元素的测定 电感耦合等离子体质谱法》（HJ 766—2015），以培训教材《第三次全国土壤普查样品制备与检测》第三章第四十一部分内容规定为准	
39	总镍	酸消解—电感耦合等离子体质谱法	参考《固体废物 金属元素的测定 电感耦合等离子体质谱法》（HJ 766—2015），以培训教材《第三次全国土壤普查样品制备与检测》第三章第四十二部分内容规定为准	
40	水分	重量法	《土壤水分测定法》（NY/T 52—1987）	

第四章 内业测试化验质量控制

质量控制是对土壤普查内业测试化验活动相关产出进行跟踪、记录和评价的活动,以确定被评价对象是否符合土壤普查相关质量标准的要求。质量控制结果会促进后续质量保证标准、控制流程的优化。

第一节 实验室内部质量控制

一、单位及人员资质要求

依据《检验检测机构资质认定管理办法》《检验检测机构资质认定能力评价检验检测机构通用要求》《检测和校准实验室能力的通用要求》等,建立并实施质量保证体系,及时发现和预见问题,有针对性地采取纠正和预防措施。同时,所有参与土壤三普任务的检测实验室主要技术负责人、技术骨干、检测人员及质量检查人员(质量控制人员)等均需通过全国土壤普查办或本市土壤普查办统一组织的技术培训,取得培训合格证,证书与工作平台关联,建立质量追溯体系。

二、仪器设备

配备数量充足、技术指标符合检测任务要求且完好的仪器设备设施。对检测结果准确性或有效性有影响，或计量溯源性有要求的仪器设备，投入使用前进行计量检定、校准或核查，并保持其在有效期内使用。辅助仪器设备需进行功能核查。

三、试剂溶液

所用质控样品和化学试剂等符合相关检测标准要求且在有效期限内。质控样品能溯源到标准物质（或参比物质）。化学试剂有专人负责，严格按照相关规定加强安全管理。

四、检测方法的选择与验证

检测实验室根据实际情况选用《第三次全国土壤普查土壤样品制备与检测技术规范（修订版）》中推荐的检测方法。检测实验室在正式开展土壤三普样品检测任务之前，完成对所选用检测方法的检出限、测定下限、精密度、正确度、线性范围等方法各项特性指标的验证，保存原始数据记录，并形成相关方法验证报告。

五、空白试验

每批次样品（不多于50个样品）分析时，需进行空白试验，检测空白样品。检测方法有规定的，按检测方法的规定进行；检测方法无规定的，每批次分析样品至少2个空白试验。

空白试验结果一般应低于方法检出限。若空白试验结果低于方法检出限，则可忽略不计；若空白试验结果略高于方法检出限但比较稳定，可进行多次重复试验，计算空白试验平均值并从样品检测结果中扣除；若空白试验结果明显超过正常值，实验室应查找原因并采取适当的纠正和预防措施，重新对样品进行检测。

六、仪器设备定量校核

分析仪器校核应首选有证标准物质。没有有证标准物质时，选用参比物质。

采用校准曲线法进行定量分析时，至少使用5个浓度梯度的标准溶液（除空白外），覆盖被测样品的浓度范围，且最低点浓度应在接近方法测定下限的水平。检测方法有规定时，按检测方法的规定进行；检测方法无规定时，校准曲线相关系数原则上要求 $r>0.999$。

连续进样分析时，每检测20个样品，测定一次校准曲线中间浓度点，确认分析仪器校准曲线是否发生显著变化。检测方法有规定的，按检测方法的规定进行；检测方法无规定的，相对偏差应控制在10%以内，超过此范围时需要查明原因，重新绘制校准曲线，并重新检测该批次全部样品。

七、精密度控制

在每批次分析样品中，随机抽取不低于5%的样品进行平行双样分析；当批次样品数<20时，随机抽取至少1个样品进行平行双样分析。实验室质量部采取平行双样密码分析或留样复测的方式开展质量控制，实验员采取平行双样明码分析方式进行质量控制。样品检测项目平行双样检测精密度允许范围符合方法要求。检测方法有规定，按照检测方法的规定进行；检测方法无规定的，按照表4-1要求执行。平行双样检测合格率要求为100%。当出现不合格时，查明产生不合格结果的原因，采取适当的纠正和预

防措施,并对该平行双样关联的样品进行重新检测。除此之外,再增加5%~15%的平行双样分析比例并满足检测合格率要求。

表4-1 土壤样品检测精密度和准确度允许范围

检测项目	含量范围/(mg/kg)	精密度		准确度
		室内相对偏差/%	室间相对偏差/%	相对误差/%
总镉	<0.1	35	40	40
	0.1~0.4	30	35	35
	≥0.4	25	30	30
总汞	<0.1	35	40	40
	0.1~0.4	30	35	35
	≥0.4	25	30	30
总砷	<10	20	30	30
	10~20	15	20	20
	≥20	10	15	15
总铜	<20	20	25	25
	20~30	15	20	20
	≥30	10	15	15
总铅	<20	25	30	30
	20~40	20	25	25
	≥40	15	20	20
总铬	<50	20	25	25
	50~90	15	20	20
	≥90	10	15	15
总锌	<50	20	25	25
	50~90	15	20	20
	≥90	10	15	15

（续表）

检测项目	含量范围/（mg/kg）	精密度		准确度
		室内相对偏差/%	室间相对偏差/%	相对误差/%
总镍	<20	20	25	25
	20~40	15	20	20
	≥40	10	15	15
其余无机检测项目	<0.1	35	40	40
	0.1~1	30	35	35
	1.0~10	20	30	25
	10~100	15	25	20
	100~1 000	10	20	15
	≥1 000	5	10	10

八、正确度控制

当具备与被测土壤样品基本相同或类似的有证标准物质（或参比物质）时，由质量部在每批次样品分析时同步均匀插入与被测样品含量水平相当的密码质控样进行检测，每批样品至少做待测元素含量高、低两组质控样。同时，实验员在每批次样品分析时同步自行做待测元素含量高、低两组明码质控样。质控样结果应满足表4-1要求。当批次分析样品数<20时，至少插入1个标准物质。

结果判定：若参比物质相对误差在允许范围内，则对该参比物质样品分析测试的正确度控制为合格，否则为不合格；有证标准物质测定结果在标准物质证书给定的认定值和不确定度范围内判定正确度，一般用可暂时使用标物证书给定的不确定度值乘3

再除2的值（99%置信区间），或使用表4-1中规定的相对误差值判定。当出现不合格结果时，查明原因，采取适当的纠正和预防措施，对该标准物质样品及与之关联的送检样品重新进行检测。

检测实验室还可绘制质量控制图对样品检测过程进行质量监控。正确度控制图可通过多次检测所用质控样品获得的均值（x）与标准偏差（s）进行绘制，即在95%的置信水平，以x作为中心线，$x \pm 2s$作为上下警告线，$x \pm 3s$作为上下控制线绘制。每批次样品分析所带质控样品的测定值落在中心线附近、上下警告线之内，则表示检测正常，此批次样品检测结果可靠。

如果测定值落在上下控制线之外，表示检测失控，检测结果不可信，应检查原因，采取纠正措施后重新检测；如果出现以下几种情况，表示检测结果虽可接受，但有失控倾向，应予以注意：①连续3点中有2点落在中心线同一侧的上下警告线以外；②连续5点落在中心线同一侧的1倍标准偏差（s）以外；③连续9点或更多点落在中心线同一侧；④连续7点递增或递减。

九、异常样品复测

当平行双样密码分析或标准物质（或参比物质）检测结果不合格时，判断批次样品检测结果异常，需要对实验室精密度和正确度进行检查。对于超出正常值范围的样品100%进行复测，采取人员比对、实验室间比对等方式确认检测结果的可靠性。

十、检测数据记录与审核

检测实验室保证检测数据的完整性，确保全面、客观地反映检测结果，不得选择性地舍弃数据，人为干预检测结果。

检测原始记录应包含历次复测原始记录,并有检测人员、校核人员、审核人员的三级签字。

检测人员负责按照相关要求,如实填写原始记录,对原始数据和报告数据进行校核,对发现的可疑报告数据,应与样品检测原始记录进行校对。

校核人员负责对该检验项目的原始记录填写的完整性、正确性进行校核,对计算结果进行验算,判定检验结果是否符合技术标准规定的允差范围,并考虑分析方法、分析条件、数据的有效位数、数据计算和处理过程、法定计量单位和内部质量控制数据等因素。

审核人员应对最终记录结果进行审核把关,审核数据的准确性、逻辑性、可比性和合理性。

检测结果低于方法检出限时,注明"未检出",同时给出本实验室的方法检出限值,参加统计时按1/2最低检出限计算。

十一、检测结果的报出

检测实验室每检测完成一批次送检样品,除须按照本实验室质量管理体系要求编制纸质检测报告外,还须按照土壤三普实验室检测数据填报要求,填报样品检测结果及同批次实验室内部质量控制数据。

检测实验室应在每批次送检样品检测完成经内部质控审核确认后,通过工作平台上报检测结果与相关报告,提交本市质量控制实验室审核。

全市样品检测结果统一由本市质量控制实验室根据密码平行样和质控样品检测结果以及检测方法是否符合规范要求对检测实

验室的检测质量进行评价，确认审核通过后数据进入工作平台，供各区、本市土壤普查办进一步审核。

第二节　实验室外部质量控制

在检测实验室内部质量保证与质量控制的基础上，由本市质量控制实验室具体负责实施。市土壤普查办组织市质量控制实验室采取密码平行样和质控样、现场监督检查和留样抽检等方式开展外部质量监督检查。

一、密码平行样品

密码平行样品随同批次土壤样品流转到检测实验室进行检测。密码平行样品测试结果的精密度以两次检测结果的相对偏差表示，须满足相关检测标准和方法的要求。

实验室内密码平行样品检测质量合格率要求100%。当密码平行样不能达到上述合格率要求时，应采取以下措施：对密码平行样不合格结果，由市质量控制实验室通知承担样品检测任务的实验室根据批次所有样品的不合格指标对留样进行复检。如复检确认不属于密码平行样品均匀性等引起的检测误差，市质量控制实验室要求该实验室对与该密码平行样品一起送检的所有样品进行复检；复检确认属于密码平行样品本身引起的检测误差，只要该批次送检样品同期实验室内部质控数据及质控样品检测结果均合格，市质量控制实验室仍可认定该批次样品检测结果合格。必要时，市质量控制实验室可留样复检。

二、质控样品

质控样品随普查样品一起流转到承担检测任务的实验室,要求实验室与该批次普查样品一起进行检测。

质控样品测试结果的正确度以相对误差表示。实验室对质控样品检测质量合格率要求100%。当不能达到上述合格率要求时,市质量控制实验室要求检测实验室查明发生问题的原因,采取适当的纠正和预防措施,必要时向检测实验室提供新的质控样品,并要求其插入已完成但结果不合格的送检批次样品中一起进行复检,直至质控样品复检合格率达到规定要求。

三、方法验证

统一方法验证要求,是提高检测实验室检测能力的重要手段。筛选出的实验室大多是第三方检测实验室,涉及行业众多,由于不同行业的检测实验室主管部门和行业要求存在差异,方法验证要求如空白试验、方法检出限、测定下限等不统一,因此,统一方法验证内容及格式要求,极有利于综合判断检测实验室的检测能力水平,有利于市级质控实验室在质控环节把握检测能力水平的薄弱点,充分发挥市级质控的作用。

四、留样抽检

在检测实验室开展样品检测过程中,市质量控制实验室按照有关要求开展留样抽检,加强质量控制工作。

市抽检量不低于本区域检测样品量的5‰,覆盖所有任务区域和主要土壤类型、土地利用类型。留样复测结果的合格率(按检测指标计算）应达到80%以上。

留样抽检不合格，市质量控制实验室应从留存样品中再提供一份进行再次复检。如再次复检结果与初次检测结果一致，但与前次复检结果不一致，市质量控制实验室可采用检测实验室的初次检测结果；再次复检结果与前次复检结果一致，但与初次检测结果不一致，市质量控制实验室应要求检测实验室对发现问题样品分析批次的所有样品的不合格指标进行复检。

五、现场监督检查

现场监督检查由市土壤普查办牵头组织、市质量控制实验室等单位具体实施，覆盖年度承担任务的检测实验室，对样品检测环节开展检查，重点检查实验室内部质量保证与质量控制方案实施情况、仪器设备、试剂溶液和有关原始记录等。必要时市土壤普查办安排专家派驻，全程跟进核心环节。现场监督检查清单见表4-2、表4-3。

表4-2　样品制备流转保存质量控制项目检查清单

环节	检查项目	检查内容
	质量管理	检查单位内部质量保证与质量控制方案及相关质量管理制度是否满足规范要求，是否结合本单位实际具有可操作性；人员配备及培训、监督等与所承担任务量相符，并满足相关要求。
样品制备	制样单位及人员资质要求	根据样品制备人员清单，检查是否均有全国土壤普查办或市土壤普查办统一组织的内业测试化验和全程质量控制技术培训合格证书和上岗授权记录；制样小组设置是否合理，每个小组是否均有样品制备质量检查员。

（续表）

环节	检查项目	检查内容
样品制备	制样方案	是否按照北京市土壤普查办制定的样品制备计划及时制定本单位年度样品制备实施方案。
	制样场地	风干和制备场所环境条件、防污染措施是否符合要求；样品制备室面积满足要求，制样工位数量是否与所承担任务相匹配，是否适当隔离；在线全方位监控摄像头是否覆盖每个工位的制样环节，存储制样监控视频应满足要求，监控设备运行良好。
	制样工具	磨样设备、样品筛、辅助制样工具等是否齐全、完好、符合要求；样品制备工具和包装容器是否含有待测组分或对测试有干扰的材料制成；制样工具在每个样品制备完成后是否及时清洁。
样品制备	样品接收	是否指定专人负责样品接收确认，重点检查样品标签、样品状况、样品重量、样品数量、样品包装情况等；接收样品重量是否满足风干后土壤样品库样品和粗磨后留存样品、送检样品等样品重量要求。
	制备流程	样品风干、研磨、筛分、混匀、缩分、分装等过程是否符合《第三次全国土壤普查土壤样品制备与检测技术规范（修订版）》制备流程规定，样品编码是否始终保持一致；样品损失率是否满足要求；留存样品、送检样品重量是否满足样品复检需要。
样品保存	人员资质	样品管理员是否经过培训或能力确认，并保留相应的培训和能力确认记录。
	样品保存状态和时间	样品保存是否按照《第三次全国土壤普查土壤样品制备与检测技术规范（修订版）》有关要求；留存样品保存时间是否按照要求。
	保存场所	是否保持干燥、通风、无阳光直射、无污染；是否有环境条件视频监控设备、样品存放区域的空间标识和样品编号的检索引导。
	样品管理	样品管理员是否定期对留存样品、暂存样品进行检查。

（续表）

环节	检查项目	检查内容
样品流转	样品交接	样品制备实验室是否按照有关样品状态、数量等要求将样品流转到检测实验室和土壤样品库；收样单位在样品交接过程中，是否对接收样品的质量状况进行检查。
	有关要求	土壤样品是否按照不同区、样品类型（土壤样品、水稳性大团聚体样品等），分类组批进行流转。
内部质量保证检查		自查相关记录符合规范要求，内部检查是否覆盖制样全部样品、全周期、全工作过程。

表4-3 样品检测质量控制项目检查清单

序号	检查要素	检查内容
1	质量管理	依据相关要求，建立并有效运行质量保证体系；按照第三次全国土壤普查有关技术规范和管理要求，进一步完善内部质量管理制度。 1）查看是否有土壤三普内部质量控制计划，且计划内容切实可行；实验室内部质量保证与质量控制方案和计划等内容是否涵盖样品制备（细磨）、内部流转、保存、分析测试及报告编制等全流程，并实施全过程质量控制。 2）通过与质量控制人员问询了解实验室精密度和正确度的控制措施、编码规则、样品插入、结果评价及不符合结果的处理方式等，判断实验室对检测人员质控措施的有效性。 3）查验内部质控实施的相关原始记录，关注一次性结果评价及不符合结果的后处理方式。 4）查看是否在完成土壤三普样品检测合同任务时，提交质量评价总结报告，报告内容是否符合全程质量控制技术规范要求。
2	检测能力	资质认定批准或实验室认可的检测能力应涵盖50%以上第三次全国土壤普查土壤理化性状指标；检测能力与承担任务相匹配，能保证在合同期内完成检测任务；承担的检测任务不得转包和分包。

（续表）

序号	检查要素	检查内容
2	检测能力	1）查看相关证明材料（如三普检测实验室申请书）；根据检测进度判断检测能力与承担任务是否匹配，是否能保证在规定时间内完成检测任务。 2）查验实验室检测合同承诺、试剂耗材及标准品购买情况、承检任务清单与样品室样品保存对应情况等，判断承担的检测任务是否存在转包和分包情况。
3	样品细磨	制样工具、制样场所与设施符合《第三次全国土壤普查土壤样品制备与检测技术规范（修订版）》要求；细磨过程应有视频监控设备，监控范围应能覆盖每个工位的制样环节，监控设备运行良好，监控记录保存完整；样品制备记录表保留完整；样品制备操作规范，无样品丢弃、无套筛。 1）制样环境和工具是否符合要求，制样过程避免交叉污染措施是否有效，防错号措施及其有效性。 2）监控是否能覆盖每个细磨工位，在线监控设备应运行状态良好，制样监控记录保持完整，现场调取查看任意时段监控记录，查验制样过程是否规范，样品制备记录是否规范、完整。 3）查看监控和实地查验相结合，查验分取预留样品等操作时，是否将全部样品倒出混匀后再分取，是否存在样品丢弃和套筛现象。
4	人员	样品制备、样品流转、样品检测、质量控制人员能力和数量满足普查检测任务需要；检测实验室主要技术负责人、技术骨干及质量检查人员等均需通过全国土壤普查办或北京市土壤普查办统一组织的集中培训，取得培训结业证书，应掌握相关技术规定和管理要求；所有参与土壤三普任务的人员需经培训上岗，并保留人员培训和授权上岗记录。有人员监督计划和实施记录。 1）查看实验室从事土壤三普工作人员及分工一览表和人员相关培训、能力确认及授权情况，样品制备、流转、检测、质量控制人员能力和数量是否满足普查检测任务需要。 2）查验相关原始记录/培训证书与分工一览表的一致性，查验相关人员是否按技术规范相关要求，培训合格并授权上岗。 3）查看培训记录和效果评价表，通过提问方式查验主要技术人员和质量管理人员是否熟悉土壤检测过程和方法，是否掌握相关技术规定和管理要求。 4）查看土壤三普样品检测和制备人员监督计划和实施记录。

（续表）

序号	检查要素	检查内容
5	场所环境	实验室场所应与所申请的场所一致；实验室内合理分区，避免交叉污染和相互干扰；样品制备、保存、检测环境应符合场所环境、仪器设备、检测方法等有关要求；对可能影响检测结果质量的环境条件，应进行识别并制定成文件，对其实施监控和记录，保证符合相关技术要求。 1）查验招投标相关文件，实地查验实验室场所地点是否一致；是否合理分区，避免交叉污染和相互干扰；是否存在堆放杂乱、管理混乱现象。 2）实地查看样品制备、保存、检测环境是否符合分析仪器、检测方法等要求。 3）查验是否有对可能影响检测结果质量的环境条件识别并制定成文件，是否有环境监控和记录；是否具备能控制环境温度的浸提室，并在浸提期间对环境温度进行监控和记录。
6	设施设备	具备第三次全国土壤普查土壤理化性状指标所需仪器设备；开展相应检测指标的仪器设备均应完好，技术指标应符合申请普查样品检测任务要求；仪器设备投入使用前，应采用检定、校准或核查等方式，确认其是否满足检测的要求，并保持其在有效期内进行使用。必要时，应使用校准给出的修正信息，以确保仪器设备满足检测方法的需要；应有仪器设备使用记录。记录应包括使用时间、使用人、样品编号、检测项目和仪器状况等信息；应配备满足普查检测参数需要的质控样品。质控样品由专人保管，贮存场所符合要求，能溯源到标准物质（参比物质），并开展期间核查；检测过程中使用的标准溶液应能溯源至有证标准物质和/或配制（稀释）记录，并满足方法规定。 1）查验是否配备满足土壤三普检测所需仪器设备，关注租赁设备期限及使用权限。 2）查验关键仪器设备相关技术指标、性能和运行状况等。 3）查验仪器设备是否都经检定、校准或查验，并确认其满足检测方法要求，在有效期内进行使用。对检测结果有影响的仪器设备，应校准其关键性能参数。 4）抽验关键仪器设备的使用记录等，相关填写内容是否满足溯源要求。

（续表）

序号	检查要素	检查内容
6	设施设备	5）查验所用质控样品是否覆盖相关检测项目，是否能溯源到有证标准物质（参比物质），有标准物质一览表和领用记录，标准物质应有唯一性标识。 6）查验标准溶液标签，内容至少有名称、浓度、有效期限等信息，随机查验检测原始记录，检测过程中使用的标准溶液应能通过唯一性标识溯源至有证标准物质或配制（稀释）记录，配制或标定应满足方法规定。
7	样品管理	样品接收、核查和发放各环节应受控，有专人负责实验室样品外部样品接收和内部流转，有样品接收和内部流转记录；样品标签及其包装应完整无损，样品标签包括但不限于唯一性标识、状态标识和制样粒径（目数）标识等；样品应规范、有序排列、分区存放，并有明显标识，避免混淆。 1）查验样品接收、发放、保存等各环节是否受控、有相关记录，是否安排专人负责样品接收和内部流转，是否有样品接收和内部流转记录。 2）实地查看样品标签及其包装，样品包装应完整无损，样品标签应包括但不限于唯一性标识、状态标识和制样粒径标识等。 3）查验样品摆放是否规范有序，避免混乱和交叉污染；样品室样品是否分区保存并有明显标识；抽查部分批次样品编号，实物样品各粒径数量是否与实验室接收样品数量一致。
8	试剂材料	对检测结果有影响的关键试剂和耗材应经过检查或证实符合有关检测方法中规定的要求后，投入使用，并保存相关记录；试剂耗材由专人负责，保存条件适宜，确保安全使用与管理；有试验用水检查记录，确保水质满足方法要求。 查验试验用水检查记录；试剂耗材由专人负责，保存条件适宜；场所安全；对检测结果有影响，特别是分析方法中有明确要求的、空白值较高的关键试剂和耗材进行验收，并保存验收记录，如硝酸、硫酸、盐酸、氯化钡、碳酸氢钠、活性炭等。
9	检测方法	方法选用《第三次全国土壤普查土壤样品制备与检测技术规范（修订版）》推荐的检测方法；正式开展土壤三普样品检测任务之前，完成对所选用检测方法的检出限、测定下限、精密度、正确度、线性范围等方法各项特性指标的验证，并形成相关质量记录；检测过

（续表）

序号	检查要素	检查内容
9	检测方法	程产生的方法偏离（含样品制备）应经技术判断不影响检验检测结果，编制形成作业指导书，由技术负责人批准，并经北京市土壤普查办（或北京市质量控制实验室）同意才允许发生。 1）随机查验检测原始记录、询问相关样品具体检测人员等方式，查验所承担任务检测方法是否与规范要求一致。 2）查验是否所有土壤三普项目均有方法验证报告，验证内容是否齐全，验证方法是否满足要求并经审核。 3）查验检测关键技术（如浸提剂、浸提温度、浸提时间、浸提方式、土液比、称样量以及所使用的仪器设备等）与相关技术规范规定有无偏离。
10	空白试验	每批次样品（不多于50个样品）分析时，应进行空白试验，检测空白样品。检测方法有规定的，按检测方法的规定进行。检测方法无规定时，要求每批次分析样品应至少2个过程空白试验；空白试验结果一般应低于方法检出限。空白试验结果略高于方法检出限但比较稳定，可进行多次重复试验，计算空白试验平均值并从样品检测结果中扣除；若空白试验结果明显超过正常值，实验室应查找原因并采取适当的纠正和预防措施，重新对样品进行检测。 1）随机查验原始记录，查验有无按规定插入空白试验，是否满足要求并有评价。 2）查验空白试验结果是否低于方法检出限；略高于方法检出限但比较稳定的，是否从样品检测结果中扣除。 3）查验若发生了空白试验不满足要求情况的，是否采取了适当的纠正预防措施，并重新对样品进行检测。
11	仪器设备定量校核	分析仪器校核应首选有证标准物质。没有有证标准物质时，选用参比物质；采用校准曲线法进行定量分析时，一般应至少使用5个浓度梯度的标准溶液（除空白外），覆盖被测样品的浓度范围，且最低点浓度应在接近方法测定下限的水平。校准曲线相关系数原则上要求r>0.999；仪器稳定性检查。连续进样分析时，每检测20个样品，应测定一次校准曲线中间浓度点，确认分析仪器校准曲线是否发生显著变化。检测方法有规定的，按检测方法的规定进行。检测方法无规定时，相对偏差应控制在10%以内，超过此范围时需要查明原因，重新绘制校准曲线，并重新检测该批次全部样品。

（续表）

序号	检查要素	检查内容
11	仪器设备定量校核	1）查验是否采用有证标准物质或参比物质，对分析仪器进行了校核。 2）随机查验仪器记录和标准溶液配制记录，配制方法是否满足方法要求，校准曲线是否5个点位（不含空白）以上，浓度范围是否合理，相关系数是否能满足要求。 3）随机查验检测原始记录，校准曲线回测浓度点相对偏差是否在10%以内；是否每检测20个样品测定一次校准曲线中间浓度点，并对仪器产生的漂移采取相应措施；对中间浓度点相对偏差大于10%以上重新绘制校准曲线的，是否对之前的样品批次进行重测。
12	精密度	每批次分析样品中，随机抽取不低于5%的样品进行平行双样分析。当批次样品数<20时，应随机抽取至少1个样品进行平行双样分析；由实验室质量控制人员采取平行双样密码分析等方式开展内部质量控制，并统计精密度合格率情况；样品检测项目平行双样检测精密度允许范围应符合方法要求。检测方法有规定的，按相关规定进行；检测方法无规定时，按照《土壤普查全程质量控制技术规范》要求执行。 1）查验检测相关原始记录，实验室内部平行样的添加数量是否满足相关技术规范要求。 2）是否由实验室质量控制人员采取平行双样密码分析或留样复测等方式开展质量控制，并统计精密度合格率情况。 3）随机查验样品检测结果，检测完成后，是否填报数据并提交平台，数据精密度是否100%合格。
13	正确度	每批次样品分析时同步均匀插入高、低两组与被测样品含量水平相当的有证标准物质（或参比物质）进行检测。质控样结果应满足《土壤普查全程质量控制技术规范》要求。当批次分析样品数<20时，应至少插入1个质控样；必要时可绘制质量控制图；统计标准物质检测结果和正确度控制合格率。 1）随机查验（不少于3批次）是否每批次均添加2组以上的质控样品；对需要区分酸碱度的检测项目，质控样是否与检测样品匹配；质控样品中目标检测物的含量是否与被测样品含量水平相当；必要时是否正确绘制和使用质控图。 2）查验质控样检测结果是否100%符合要求；是否有标准物质检测结果和正确度控制合格率结果统计。

（续表）

序号	检查要素	检查内容
14	异常样品复检	检测数据异常时，要对实验室精密度和正确度进行检查；对于超出正常值范围的样品应100%进行复检，或采取人员比对、实验室间比对等方式确认检测结果的可靠性；保存异常样品复检记录和异常样品复检率记录。 1）查验检测数据异常时相关原始记录，查验是否保存异常样品复检记录和异常样品复检率记录。 2）在平台上随机调取不少于5个样品的相关数据，对于存在异常值的，查验是否有复检记录，查验异常值是否100%复检。 3）查验有无异常样品复检记录相关档案，查验异常值复检结果是否有效。
15	数据记录与审核	检测原始记录应有检测人员、校核人员、审核人员的三级签字；应按照第三次全国土壤普查有关要求填报样品检测结果及同批次实验室内部及外部质控数据，并及时提交；应建立检测数据和报告质量审核制度，明确数据审核人员和检测报告的编制、审核及签发人员的职责和工作要求。
15	数据记录与审核	1）随机抽取检测报告或原始记录，查看原始记录填写的规范性、完整性和三级签字，重点查验相关信息与任务合同、原始记录（含仪器储存记录）、仪器使用记录、标准物质（溶液）使用记录等信息是否一致；随机查验称样、仪器使用等原始记录笔迹是否与检测人其他原始记录一致。 2）查验实验室是否按照要求填报样品检测结果及同批次实验室内部及外部质控数据，并及时提交。 3）随机查看平台上报数据与实验室原始记录的一致性。
16	质量评价报告	应向承担普查任务所在质量控制实验室提交土壤普查工作质量自评估年度报告及总结。内容包括承担的任务基本情况介绍，选用的检测方法，验证或确认结果，样品检测精密度控制合格率，样品检测正确度控制合格率，异常样品复检合格率等；为保证样品检测质量所采取的各项措施，以及整改措施和结果，总体质量评价；对市级质量监督检查过程中发现的问题应及时整改，并形成整改报告。

（续表）

序号	检查要素	检查内容
17	档案管理	应及时做好土壤普查相关技术档案管理，是否单独建档，是否按类别进行分类装订，并符合保存要求； 保存的技术档案应包括但不限于土壤普查项目有关检测实验室工作的管理文件、技术规定和标准；方法验证记录、检测原始记录和检测报告；质量控制记录、质量自评估年度报告及总报告。
18	其他要求	检测实验室开展土壤普查样品检测及其数据生成、上报、保管和利用，须遵照土壤普查有关技术规定及管理办法执行； 检测实验室及其人员应对在第三次全国土壤普查工作中所知悉的国家秘密、商业秘密和技术秘密负有保密义务，并制定与实施相应的保密措施。
19	现场操作	随机查看检测人员现场操作规范性。

六、飞行质控

按照国家土壤普查办的统一工作要求，国家级质量控制实验室负责组建飞行质控组，对分工省份开展飞行检查工作，省质量控制实验室和检测实验室积极配合国家质量控制实验室开展飞行检查。飞行质控按照"三不三随机"原则，即不给被飞行质控实验室发通知、不打招呼、不安排陪同人员，随机确定被飞行质控实验室、随机查验实验室人员现场操作、随机查验原始记录。从人员、仪器设备、试剂、原始记录、仪器记录、现场操作等多项档案资料进行查验，同时通过询问、座谈等方式，全流程、全方位开展质控工作，并对检查结果提出问题清单。被检查实验室根据问题清单严格开展整改工作。

第五章 数据规范性处理与异常值剔除

数据校核，可以发现和纠正数据中的错误，如拼写错误、重复数据、格式不一致等，确保数据准确无误。规范处理有助于统一数据格式、单位、命名规则等，使不同来源或系统中的数据保持一致，避免因格式不同造成的数据理解错误。经过校核和规范处理的数据更易于分析和利用，有助于提供有价值的洞察和决策支持。

异常值存在会带来很多不利影响，如果异常值是非随机分布的，则可以降低正态性，可能影响具有实质意义的估计，可能影响回归、方差分析等统计模型的基本假设。正常数据总是有一定的分散性，如果人为删去未经检验断定其离群数据（Outliers）的测定值（即可疑数据），由此得到精密度很高的测定结果并不符合客观实际。为了保障土壤属性调查数据符合客观实际，应剔除具有明显系统误差和过失错误的数据。

第一节 数据校核与规范性处理

数据规范性处理包括数据库的规范性（如字段类型、字段长度等）和各字段数据准确性检查。以延庆区2022年耕地质量评价调查点位数据为研究对象，依照《第三次全国土壤普查数据库规范（修订版）》，对基础数据的字段类型、字段长度、字段缩写以及小数位数等进行校核与规范化处理。

一、字段类型

字段类型（Field type）通常是指在数据库或数据结构中，用于定义数据字段可以存储哪些类型的数据的规则。字段类型定义了数据的格式、大小、范围和约束，以确保数据的一致性和有效性。以下是一些常见的字段类型。

（一）整数类型

用于存储整数，如整型（INT）、短整型（SMALLINT）、长整型（BIGINT）等。

（二）浮点类型

用于存储小数，如浮点型（FLOAT）、双精度浮点型（DOUBLE）等。

（三）字符串类型

用于存储文本数据，如字符型（CHAR）、变长字符型（VARCHAR）、文本型（TEXT）等。

（四）日期和时间类型

用于存储日期和时间数据，如日期型（DATE）、时间型（TIME）、时间戳型（TIMESTAMP）等。在数据库设计中，正确选择字段类型对于性能优化、数据完整性和应用程序逻辑的正确性至关重要。在编程中，字段类型则决定了变量可以存储的数据类型和范围。

二、字段长度

字段长度（Field length）是指在数据库或数据结构中，一个字段可以存储的数据的最大长度。这个长度通常以字符数来衡量，但也可以是字节数，具体取决于字段的类型和编码方式。

对于字符串类型的字段：字段长度指的是可以存储的最大字符数。例如，一个VARCHAR（255）类型的字段可以存储最多255个字符。如果存储的字符串少于255个字符，数据库会根据实际字符数来存储数据，并可能在字符串末尾填充空格以满足字段长度的要求。

对于二进制类型的字段：字段长度通常指的是可以存储的最大字节数。例如，一个VARBINARY（255）类型的字段可以存储最多255个字节的数据。

对于数字类型的字段：字段长度通常指的是数字的位数，这决定了可以存储的数值范围。

对于日期和时间类型的字段：字段长度通常指的是这些类型所占的固定字节数，因为日期和时间类型的存储大小是固定的。

字段长度的选择对数据库设计和性能有重要影响。一是存储效率。如果字段长度设置得过大，可能会导致存储空间的浪费。二是性能。字段长度会影响数据的存储和检索速度，尤其是在进行索引操作时。三是数据完整性。合理的字段长度可以防止无效数据的插入，从而维护数据的完整性。

三、坐标系统、高程基准与投影

坐标系统，是通过定义特定基准及其参数形式来实现描述物质存在的空间位置的参照系。坐标系统为土壤普查提供了一个统一的空间参考框架，使每个土壤采样点、土壤类型、土壤属性等都能够被精确地定位在地图上。通过使用统一的坐标系统，可以将不同来源、不同时间点收集的土壤数据进行整合，形成完整的土壤数据库，这有助于进行跨区域的土壤比较和分析。

高程基准是推算国家统一高程控制网中所有水准高程的起算依据。高程基准为土壤普查提供了一个统一的起算面，有助于分析地形的起伏和坡度，从而合理布设土壤采样点，并为构建土壤数据库构建、土壤管理和决策提供空间参考和分析依据。

地图投影是利用一定数学法则，把地球表面的点转换到地图平面上的方法。其为土壤普查提供了一个统一的空间参考框架，确保不同地区收集的数据能够在相同的体系中进行比较和分析。地图投影可以反映地形的起伏坡度和精确定位土壤采样点，在土壤数据的收集、分析、管理和应用中发挥着基础性和关键性的作用。

根据《第三次全国土壤普查工作底图制作与采样点布设技术规范（修订版）》，土壤普查工作采用共同的数学基础，即坐标系统采用"2000国家大地坐标系"，高程基准采用"1985国家高程基准"，投影方式采用高斯—克吕格投影。

在ArcGIS 10.8软件中，右键图层属性，在坐标系选项中可以进行矢量图层的地理坐标系与投影坐标系的更改，确定投影信息后可导出数据以保证图层具备正确的坐标系。坐标系更改操作示意见图5-1。

若目标数据坐标系无法更改或出现偏移的情况，则需要清除数据的原始坐标系，采用"定义投影"工具进行重新定义。

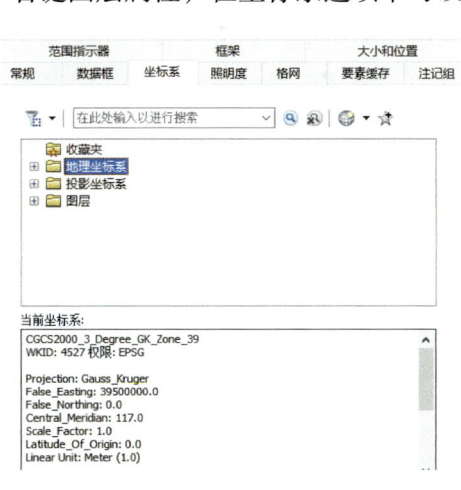

图5-1　坐标系更改操作示意图

定义投影操作示意见图5-2。

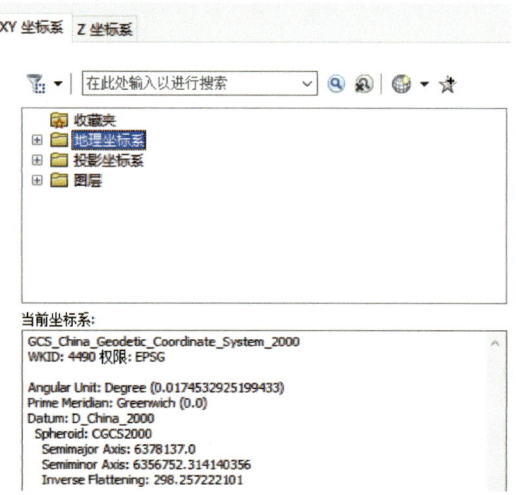

图5-2　定义投影操作示意图

第二节　异常值检测与剔除

异常值存在会带来很多不利影响，如果异常值是非随机分布的，则可以降低正态性，可能影响具有实质意义的估计，可能影响回归、方差分析等统计模型的基本假设。正常数据总是有一定的分散性，如果人为删去未经检验断定其离群数据的测定值（即可疑数据），由此得到精密度很高的测定结果并不符合客观实际。为了保障土壤属性调查数据符合客观实际，应剔除具有明显系统误差和过失错误的数据。国内外常见的异常值处理方法有箱盒法、拉伊达法、基于聚类的方法和基于树的方法等。

一、箱盒法

箱盒法是一种用作显示一组数据分散情况资料的统计图来处理异常数据的方法。通过计算四分位数Q1、Q3（Quartile，指在统计学中把所有数值由小到大排列并分成四等份，处于三个分割点位置的数值）和四分位距IQR（Inter-quartile range，IQR=Q3-Q1），判定位于Q1-1.5×IQR和Q3+1.5×IQR以外的数据为异常值。其中Q1称为下四分位数，Q3称为上四分位数（图5-3）。

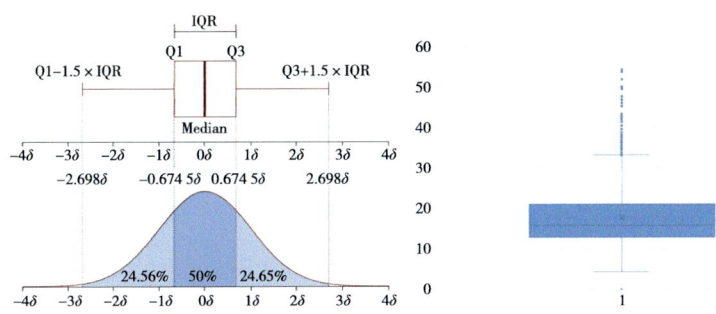

图5-3　箱盒法异常值剔除原理

箱形图的绘制依靠实际数据，不需要事先假定数据服从特定的分布形式，没有对数据作任何限制性要求，它只是真实直观地表现数据形状的本来面貌。另外，箱形图判断异常值的标准以四分位数和四分位距为基础，四分位数具有一定的耐抗性，多达25%的数据可以变得任意远而不会很大地扰动四分位数，所以异常值不能对这个标准施加影响，箱形图识别异常值的结果比较客观。

基于箱盒法的异常值检测可在Excel中进行（图5-4），选中目标数据，生成箱盒图即可观察位于Q1-1.5×IQR和Q3+1.5×IQR以外的数据是否为异常值，通过多次操作可进一步清洗掉数据中的异常值，但判断的过程中还要结合专业土壤学知识以及数据间逻辑关系，避免单一的判断，导致数据误判，从而损失原有的正确数据。

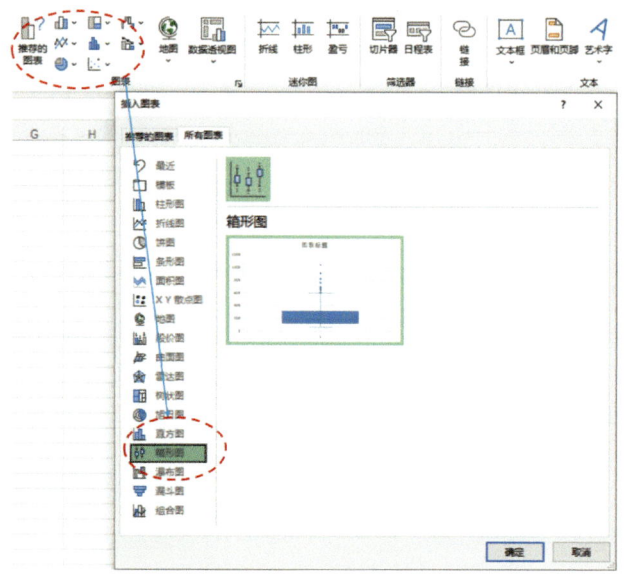

图5-4　箱盒图检测异常值操作示意图

二、基于Matlab的拉伊达（3σ）法

拉伊达法，也被称为3σ法，是一种用于识别和剔除数据中粗大误差的方法。其基本原理是假设一组数据仅包含随机误差，通过计算这组数据的标准偏差，并确定一个基于正态分布概率的区间。任何超过这个区间的误差被认为不属于随机误差，而是粗大误差，相应的数据点应被剔除。

假设样本数据服从正态分布，样本测定值为X_i，$σ$表示标准差，$μ$表示均值，根据3σ原则，数值分布在（$μ-σ$，$μ+σ$）中的概率为0.682 6；数值分布在（$μ-2σ$，$μ+2σ$）中的概率为0.954 4；数值分布在（$\mu-3\sigma$，$\mu+3\sigma$）中的概率为0.997 4。可以认为，X_i的取值几乎全部集中在（$\mu-3\sigma$，$\mu+3\sigma$）区间内，超出这个范围的可能性占比不到0.3%。所以若X_i在$\bar{X}_i \pm 3S$（S为标准差）范围内，此数据可用；若在$\bar{X}_i \pm 3S$范围外，此数据不可用，须舍弃。

拉伊达法无须查表，使用简便。其有效性依赖于两个条件，一是数据应大致服从正态分布或近似正态分布；二是样本量应足够大，通常认为样本量应大于10，以确保3σ区间内几乎全部包含了随机误差。该方法较为简单，基于Matlab编写程序，将数据复制到指定的Excel中，点击运行即可。该方法同样需要多次剔除才能将异常数据清洗干净。基于Matlab的3σ法代码示意见图5-5。

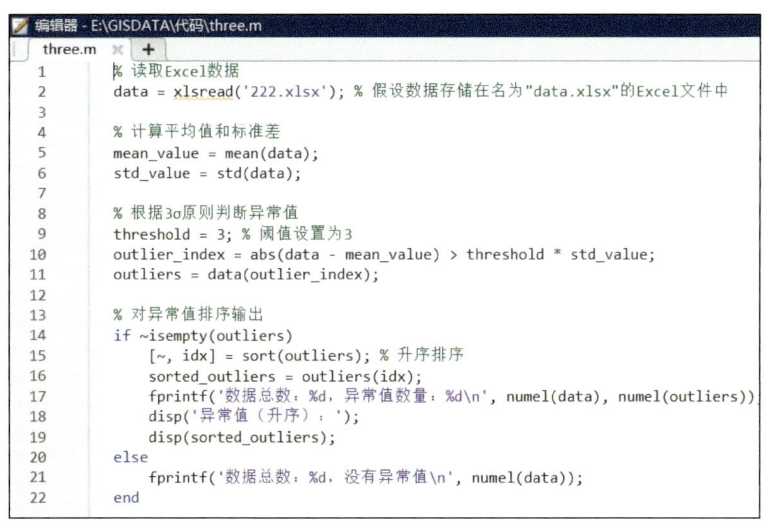

图5-5　基于Matlab的3σ法代码示意图

三、基于Matlab的Grubbs（格鲁布斯）检验法

此法适用于检验多组测量值均值的一致性和剔除多组测量值

中的离群均值，也可以用于检验一组测量值一致性和剔除一组测量值中离群值，方法如下。

将测量值 X_i（$i=1$，2，$\cdots$，n）从小到大排列，X_1，X_2，X_3，$\cdots$，X_n，进行以下计算：

$$T_1 = (\overline{X} - X_1)/S$$

$$T_2 = (X_n - \overline{X})/S$$

式中，T_1 为下限值；T_2 为上限值；X_1 为最小值；X_n 为最大值；$\overline{X}$ 为平均值；S 为标准差。

根据测定次数（n）和给定的显著性水平 a，从表5-1查得 T_a 临界值。若 $T \leqslant T_{0.05}$，则为正常值；若 $T_{0.05} < T \leqslant T_{0.01}$，则为偏离值；若 $T > T_{0.01}$，则为离群值，应舍去。舍去离群值后，再计算 $\overline{X}$ 和 S，再对第二个极值进行验证，基于Matlab Grubbs操作界面见图5-6。

表5-1 Grubbs检验临界值（GB 17378.2—1998）

显著性水平	n								
	3	4	5	6	7	8	9	10	11
$T_{0.05}$	1.153	1.463	1.672	1.822	1.938	2.032	2.110	2.176	2.234
$T_{0.01}$	1.153	1.492	1.749	1.944	2.097	2.221	2.323	2.410	2.485
显著性水平	n								
	12	13	14	15	16	17	18	19	20
$T_{0.05}$	2.285	2.331	2.371	2.409	2.443	2.475	2.504	2.532	2.557
$T_{0.01}$	2.550	2.607	2.659	2.705	2.747	2.785	2.821	2.854	2.884

```
1    % 读取Excel数据
2    filename = '111.xls'; % 请替换为你的Excel文件名
3    sheet = 1;
4    data_range = 'A1:A3802'; % 请确保这是你想要分析的数据范围
5
6    data = xlsread(filename, sheet, data_range);
7    n = length(data);
8
9    % Grubbs检验法
10   alpha = 0.5; % 设定显著性水平
11   t_critical = tinv(1 - alpha / (2 * n), n - 2);
12   G_critical = ((n - 1) / sqrt(n)) * sqrt(t_critical^2 / (n - 2 + t_critical^2));
13
14   mean_data = mean(data);
15   std_data = std(data);
16   G_values = abs(data - mean_data) / std_data;
17
18   outliers = data(G_values > G_critical);
19
20   % 显示异常值数据
21   if ~isempty(outliers)
22       [~, idx] = sort(outliers); % 升序排序
23       sorted_outliers = outliers(idx);
24       fprintf('数据总数：%d, 异常值数量：%d\n', numel(data), numel(outliers));
25       disp('异常值（升序）: ');
26       disp(sorted_outliers);
27   else
28       fprintf('数据总数：%d, 没有异常值\n', numel(data));
29   end
```

图5-6 基于Matlab的Grubbs检验法

该方法操作步骤与拉伊达法一样。格鲁布斯检验的优点在于它可以检验任意数量的变量。它适合于多维度的数据分析，可以检测各维度（特征）之间是否存在异常值。优点在于它是一种非参数检验，可以检验非正态分布的数据。缺点也同样存在，因为格鲁布斯检验本质上是一种限定检验，限定条件越小，检验结果越可靠；而限定条件越大，检验结果可信度会更低。

四、基于聚类的方法

DBSCAN算法（Density-based spatial clustering of applications with noise）是一种基于密度的空间聚类算法。该算法的输入和输

出过程如下,对于无法形成聚类簇的孤立点,即为异常点(噪声点)(图5-7)。

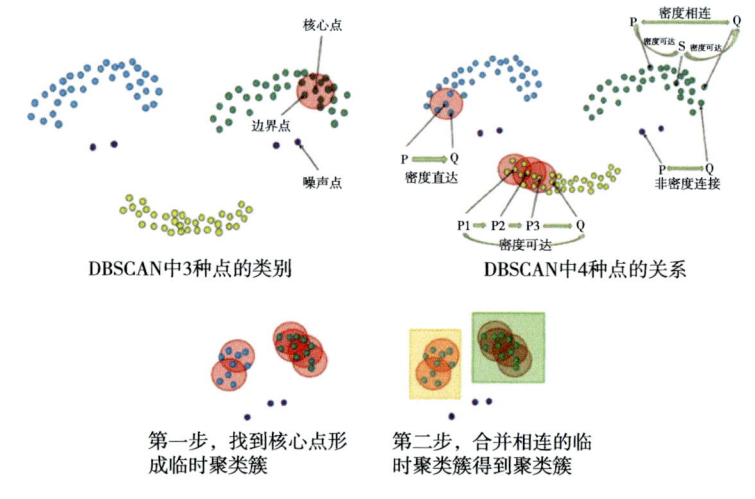

图5-7　DBSCAN法原理

与其他需要假设数据分布的统计方法不同,基于聚类的方法不需要对数据的分布有先验知识,可以适应不同形状和大小的聚类,这使它们能够处理各种类型的数据集。然而,该方法也有其局限性,与基于统计的方法相比,当聚类数量较多或聚类重叠时,聚类结果可能更难以解释。

算法处理流程如下:

(1)从数据集中任意选取一个数据对象点p。

(2)邻域半径Eps(两个样本被视为相邻的最大距离),邻域中数据对象数目阈值MinPts。

(3)如果对于参数Eps和MinPts,所选取的数据对象点p为核心点,则找出所有从p密度可达的数据对象点,形成一个簇;本算法是经过优化的,采用网格搜索算法对参数Eps和MinPts进行寻优。

（4）如果选取的数据对象点 *p* 是边缘点，选取另一个数据对象点。

（5）重复以上（2）（3）步，直到所有点被处理。

基于Python编写DBSCAN程序实现自动化检测异常值，部分代码见图5-8。

```
1   import pandas as pd
2   import numpy as np
3   from sklearn.cluster import DBSCAN
4   from sklearn.metrics import silhouette_score
5   from sklearn.model_selection import GridSearchCV
6   import matplotlib.pyplot as plt
7
8   # 1. 读取 Excel 文件
9   input_file = 'E:\异常值重新处理（20240820）\excel数据统计\异常值检测.xlsx'   # 输入文件名
10  output_file = 'E:\异常值重新处理（20240820）\excel数据统计\异常值结果.xlsx'   # 输出异常值文件名
11
12  # 读取Excel表格中的数据
13  data = pd.read_excel(input_file)
14
15  # 假设Excel表格中的两列分别是 "序号" 和 "目标数据"
16  data_values = data.iloc[:, 1].values.reshape(-1, 1)   # 第二列数据作为目标数据
17
18  # 2. 自定义评分函数，用于评估聚类效果
19  def silhouette_scorer(estimator, X):
20      labels = estimator.fit_predict(X)
21      # 如果所有点都在一个簇中或都被标记为噪声
22      if len(set(labels)) == 1 or len(set(labels)) == 0:
23          return -1   # 返回一个较低的分数
24      return silhouette_score(X, labels)
25
26  # 3. 使用交叉验证和网格搜索寻找最优参数
27  # 定义参数网格
28  param_grid = {
29      'eps': np.linspace(0.1, 0.5, 10),
30      'min_samples': range(3, 10)
31  }
32
33  # 使用网格搜索找到最优参数
34  grid_search = GridSearchCV(DBSCAN(), param_grid, scoring=silhouette_scorer)
35  grid_search.fit(data_values)
```

图5-8　基于Python编写DBSCAN程序部分代码

使用该方法时，将目标数据存入Excel表格中，点击运行代码即可，异常数据与正常数据会以图片的形式呈现。图中红色点表示异常数据，绿色点表示正常数据（图5-9）。

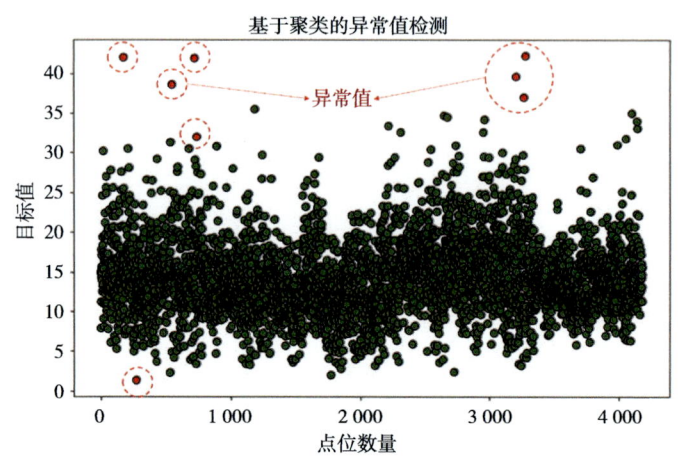

图5-9　DBSCAN检测异常值示意图

五、基于树的方法

孤立森林中的"孤立"指的是"把异常点从所有样本中孤立出来"。

用一个随机超平面对一个数据空间进行切割，切一次可以生成两个子空间。接下来，再继续随机选取超平面，来切割第一步得到的两个子空间，以此循环下去，直到每个子空间里面只包含一个数据点为止。可以发现，那些密度很高的簇要被切很多次才会停止切割，即每个点都单独存在于一个子空间内，但那些分布稀疏的点，大都很早就停到一个子空间内了。所以，整个孤立森林的算法思想：异常样本更容易快速落入叶子结点，或者说异常样本在决策树上，距离根节点更近。

随机选择m个特征，通过在所选特征的最大值和最小值之间随机选择一个值来分割数据点。观察值的划分递归地重复，直到所有的观察值被孤立（图5-10）。

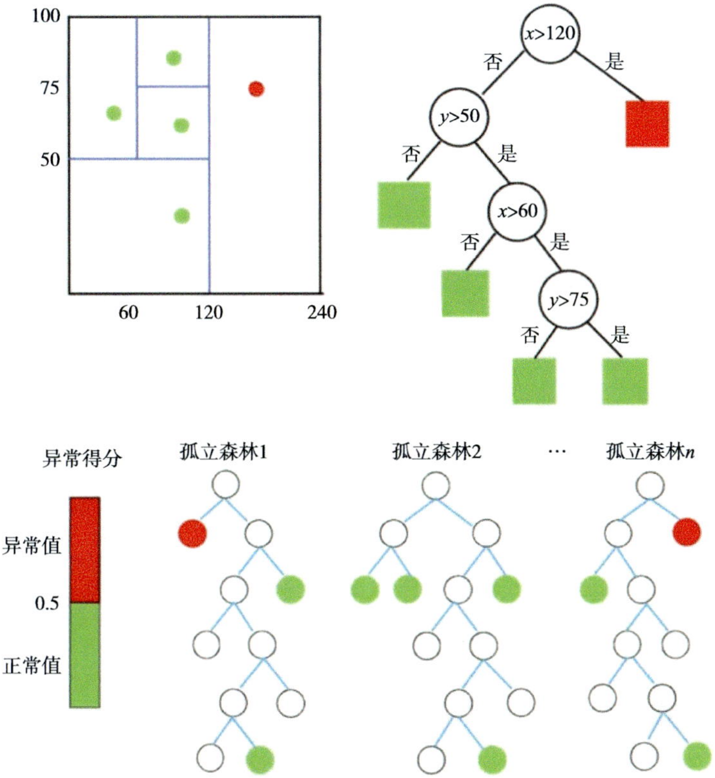

图5-10 孤立森林原理

获得t个孤立树（iTree）后，单棵树的训练就结束。接下来可以用生成的孤立树来评估测试数据，即计算异常分数s。对于每个样本x，需要对其综合计算每棵树的结果，通过下面的公式计算异常得分：

$$S = \frac{h(x) - E[h(x)]}{c(n)}$$

$$H(n-1) \approx \ln(n-1) + \gamma$$

$$c(n) \approx H(n\text{-}1)$$

式中，$h(x)$ 为样本在iTree上的路径长度（PathLength）；$E[h(x)]$ 为样本在 t 棵iTree的PathLength的均值；$c(n)$ 为 n 个样本构建一个二叉搜索树BST中的未成功搜索平均路径长度［均值 $h(x)$ 对外部节点终端的估计等同于BST中的未成功搜索］；s 是对样本 x 的路径长度 $h(x)$ 进行标准化处理；$H(n\text{-}1)$ 是调和数，可使用 $\ln(n\text{-}1)+\gamma$（欧拉常数）估算。指数部分值域为 $(-\infty, 0)$，因此 s 值域为 $(0, 1)$。当PathLength越小，s 越接近1，此时样本为异常值的概率越大。

孤立森林算法特别适合处理大数据集。它具有线性的时间复杂度，并且由于使用了子采样，使得在计算上更加高效。但是如若数据集中异常值的比例相对较高或在局部区域表现出轻微异常特征，孤立森林的效果可能就会下降。此外，孤立森林算法不适用于多维特征情况。

第六章 土壤类型图更新与修正

土壤类型图能够反映土壤发生、发育、演变及其空间分布规律，表征土壤资源的数量和质量，为我国土壤资源可持续利用、保护、管理和相关决策提供科学依据。土壤类型制图遵循科学性原则，在研究土壤及其与成土环境因素之间发生学关系的基础上确定土壤类型分布，相应获得的土壤类型分布也要反映这种发生学关系。同时也应反映出土壤科学的发展认识成果。近40年，土壤发生从主要关注自然环境因素到更加强调自然因素和人为活动的共同作用对土壤发育和演变的影响，土壤分类从定性走向定量化，土壤制图也从依赖专家经验和手工勾绘走向定量模型和数字化。

数字土壤调查制图技术是新兴的现代土壤制图方法，依据土壤发生学理论，利用遥感和地理信息系统等现代地理信息技术对成土环境进行定量表征，结合土壤调查采样和数据分析，建立土壤类型及与成土环境之间关系的定量模型，融合土壤调查分类专家的知识，在计算机辅助下进行土壤推测制图，生成土壤类型分布图。北京市土壤类型图的更新与修正，结合实际情况，通过内业与外业相结合，从历史土壤剖面数据与环境变量数据的系统性挖掘，并开展土壤类型名称校准、土壤类型图室内校核、典型土壤剖面挖掘与土壤类型图野外校核、基于环境变量的土壤类型推测制图、三普土壤类型图生成等工作，完成北京市土种图的更新修正。

第一节　数据获取与处理

土壤类型图更新与修正工作中，数据的获取与处理是非常关键的一步。考虑北京市实际情况，收集整理全市工作底图、二普土壤土种图、历年多种土壤数据、成土环境数据、土壤表层点/属性图数据以及高分辨率遥感影像等数据，并根据相关规范对获取的数据统一做标准化处理，包括制图比例尺设置为1∶5万，环境变量的图层数据空间分辨率统一处理为30m，所有数据统一采用2000国家大地坐标系。

一、基础地理数据

基础地理数据包括行政区、居民点、道路、水系等信息。其中道路和水系数据可基于国土三调数据，使用属性查询或空间查询工具从土地利用图斑中筛选出道路和水系的相关图斑，将筛选出的道路和水系图斑提取为单独的图层，保存为矢量格式。

二、土壤剖面点数据

北京市第三次全国土壤普查外业调查以及土壤类型修订、土种志编写过程中均有土壤剖面采集。除此之外，北京市第二次全国土壤普查期间也采集了大量的土壤剖面点，在此之后的耕地质量监测、测土配方施肥等工作中也多次开展了剖面调查。另外，一些文献资料如《中国土系志·北京天津卷》中也记载了2010—2011年采集北京地区土壤剖面信息。上述这些土壤剖面点数据通过整理并核验无误后，均可用于三普土壤类型的修正。将收集土壤剖面点数据进行坐标系统投影检查、数据字段验证、数据标准化、异常或空缺值筛查等处理，将表格、空间数据（如采样点坐标、土壤性质参数）转换为矢量数据，最终得到具备准确性、一致性和可用性的土壤剖面点数据。

三、成土环境因子数据

环境变量的选取原则是，基于土壤发生学理论，考虑制图区域的土壤景观特点和成土环境条件，选取与土壤类型形成与演变相关或协同的环境因素变量。根据《第三次全国土壤普查土壤类型图编制技术规范（修订版）》和前期研究经验，结合北京市实际情况，选择母质、地形（包括高程、坡度、坡向、剖面曲率、平面曲率、地形湿度指数等）、植被、土地利用、水文（距河流距离）、土壤质地、遥感影像等作为土壤类型名称和边界校核的成土环境数据。

（一）母质

母质是地壳表层的岩石矿物经过风化作用形成的风化产物，它是形成土壤的物质基础，是构成土壤的骨架，既区别于土壤，又对土壤的形成和肥力发展有深刻的影响，能够遗传很多性状给土壤。成土母质原始数据可从北京市数字土壤数据库中获取SHP格式文件，通过要素转栅格功能，将北京市全市成土母质图中的母质字段转为TIFF格式文件，设置转换像元大小为30m。

（二）地形

地形对土壤形成的影响主要是通过引起物质、能量的再分配而间接地作用于土壤的。作用于母质在陡峭的山坡上造成水热条件的差异，由于重力作用和地表径流的侵蚀力往往加速疏松地表物质的迁移，所以很难发育成深厚的土壤；而平坦的地形部位，地表疏松物质的侵蚀速率较慢，最终能够在生物条件下逐渐发育成深厚的土壤。选择高程、坡度、坡向、剖面曲率、平面曲率、地形湿度指数等地形表征指标作为成土环境要素。数字高程模型（DEM）数据采用ALOS DEM数据，分辨率12.5m，基于栅格镶嵌、裁剪并重采样至30m，包括坡度、坡向、平面曲率、剖面曲率，使用重采样工具重采样至30m。

地形湿度指数的计算是对重采样至30m的DEM数据进行填洼处理，并计算流向流量及坡度，将坡度转为弧度制并计算正切值Tan（slope），计算单位面积汇流量（SCA）=（流量+1）×30，最终计算地形湿度指数（TWI）=ln［SCA/Tan（slope）］。

（三）植被

植被可以减弱雨水等对土壤的冲刷能力，固结表面土壤，并且增加雨水的渗透能力。而植被在地面上存在的枯枝落叶也会在微生物的作用下逐渐地腐败，并形成腐殖质，这些腐殖质可以与土壤有效结合，使得土壤形成块状，增加土壤的孔隙率，改善土体的性质，减弱土壤降水入渗。在相同的气候条件下，相邻生长的森林和草原具有相似的地面坡度和母质，而森林土壤则可以显示较大的淋溶和淋洗强度。以遥感植被指数表征不同季节的植被覆盖情况，选择近5年不同季节（如5—9月、11月至翌年3月）的归一化植被指数（NDVI）作为成土环境要素，基于欧洲空天局（ESA）发射的哨兵2（Sentinel-2）光学遥感卫星提供的多光谱数据，通过计算红光波段（R）和近红外波段（NIR）获取，计算公式为NDVI=（NIR-R）/（NIR+R），对多期NDVI影像进行镶嵌与缩放处理，计算两个时间段的均值。

（四）土地利用

土地利用是人类活动对土壤的影响，是有意识、有目的、定向的。土地利用变化可以引起陆地生态以及生物地球化学循环过程的变化，导致土壤性质变化和土地生产力改变，进而影响土壤质量和土壤环境变迁。选择土地利用数据表征人类活动对土壤变化的影响，根据各图斑代表的意义，通过赋值的方法进行数字化。数据可采用中国分省逐年地表覆盖产品（CLCD），选取多年数据，如1985年和2020年等进行裁剪，计算唯一值并进行土地利用类型名称标注。

（五）水文因素

水文因素能够影响土壤物质与能量迁移转化的过程，在土壤形成过程中起着重要的作用。在高寒地带或者温带季风气候区，由于气温变化常使地表母岩裂隙及土壤孔隙中的水分在一日或者一年之内发生冻融交替现象，频繁地冻融交替使母岩不断破碎分解，最后形成具有较好通透性的成土母质，进而影响土壤类型的分布。选择距水系距离表征水文分布状况，根据土地利用数据提取出河流和湖泊等分布作为河流水系，并通过欧式距离计算工具得到距河流水系的距离数据。

使用重采样至30m的DEM数据进行填洼处理，并计算流向与流量，比对实景影像设定流量阈值确立河流信息后进行河流链接，生成河流矢量数据并计算空间位置距离河流的欧氏距离，重采样并裁剪后获得河流距离结果。

（六）土壤质地

土壤质地是土壤稳定的自然属性，反映母质来源及成土过程某些特征，对肥力有很大影响，因而常被用作土壤分类系统中基层分类的依据之一。选择土壤质地作为北京市成土环境要素，由北京市土壤数字系统数据库获取土壤质地数据，根据各图斑代表的质地类型，通过赋值的方法进行数字化，通过要素转栅格功能，将北京市成土母质图SHP格式文件中的质地字段转为TIFF格式文件，设置像元大小为30m。

（七）遥感影像

遥感影像因其快速成像、易于获取、分辨率高、下垫面数据信息丰富等特点，其衍生的光谱特征、植被指数、纹理信息等数据开始应用于土壤制图。土壤是在母质、生物、气候、地形与时间5个因素综合作用下形成的一个独立的历史自然地理体，这被认为是土壤地理发生分类学的理论基础，土壤的属性、类型、分布等是由地形、母质、植被和利用方式等因素综合作用的结果，而这些环境因素又能直接反映在遥感影像上。因此，根据土壤发生学和地理景观学的理论，便可推断出土壤类型。基于GEE平台下载的Sentinel-2号遥感影像，设置band4、band3和band2标准真彩色RGB合成的方式表示北京市遥感影像遥感特征信息。

基于以上处理步骤，共得到成土环境数据包括成土母质、高程、坡度、坡向、剖面曲率、平面曲率、地形湿度指数、近5年5—9月NDVI均值、近5年11月至翌年3月NDVI均值、1985年覆盖遥感分类数据、2020年覆盖遥感分类数据、距河流距离、土壤质地、遥感影像等。在成土环境数据制备时，根据实际北京市行政边界范围，在空间范围上外扩5个像元的距离，防止矢栅转换处理后的土壤类型图与实际制图区矢量边界之间有缝隙。数据空间分辨率统一处理为30m,故外扩处理为150m。

四、其他数据

其他数据处理包括三普土壤表层点数据、高清遥感影像、新增耕地数据等,需要进行数据标准化、一致性等处理,以保证数据的质量和可靠性,从而更好地支持土壤普查的土壤类型名称与边界校正的应用和分析。

第二节 土壤类型名称校核

针对土壤二普图存在"同土异名、异土同名和分类标准不一致"的问题,参照《第三次全国土壤普查土壤类型名称校准技术规范(修订版)》,基于"高级分类单元尊重历史保持稳定""重点校核基层分类单元采取连续命名与地方性简名相结合的命名方法"等原则,结合北京市实际情况,对北京市二普土壤图进行土壤类型命名校准,并形成北京市土壤类型命名校准清单。

一、土壤类型名称校准

(一)土类与亚类的校准

土类是高级分类的基本分类单元,依据成土条件、成土过程与发生属性的共同性划分。亚类是土类的续分,是在同一土类范围内,或由于发育阶段不同,或因处于不同土类间过渡地带发育的过渡类型，或在主导成土过程之外有附加成土过程。北京市土壤类型土类和亚类名称的校核主要对照三普暂行土壤分类系统中的土类、亚类分类依据和诊断特征进行命名和字词规范。

（二）土属的校准

土属是具有承上启下意义的土壤分类单元，是区域性成土因素导致的土壤性质发生分异的土壤分类单元，其划分依据是成土母质及风化壳类型、水文地质状况等所产生的土壤属性的变化。土属名称校准的重点是对明显的分类学错误和用语的不规范表述进行修正。三普土属划分依据仍以成土母质及风化壳类型、质地等为主，并对母质、质地和水稻土的名称或定性词做了规范修改。

（三）土种的校准

土种命名采用连续命名，并统一命名顺序。土种校准的主要原则与重点是对明显的分类学错误和土种名用语、用字的不规范进行修正。北京市二普土壤图土种类型中，平原地区冲积或洪冲积土壤土种多采用表层质地与质地构型、山地丘陵区土种多以土体厚度进行命名。部分土壤根据耕层肥力性状（如质地、耕性、耕层厚度、有机质含量等）差异，进一步划分变种。原土种名称中质地为卡钦斯基制。根据北京市土壤特点，北京市三普土种命名的划分指标仍为表层质地与质地构型（土体深厚的平原冲积或洪冲积土壤）、土体厚度（山地丘陵区）。

二、土壤类型命名清单与二普土壤图属性的空间匹配

根据校准后的土壤类型命名清单，以原二普土种名称为唯一标识字段，与二普土壤图进行属性的空间匹配。经过属性表挂

接,将土壤图中相邻图斑为相同土种类型进行合并,完成土壤类型命名清单与二普土壤图属性的空间匹配。

第三节 二普土壤类型图室内校核

二普土壤类型图室内校核工作是以坐标系转换和分类校准后土壤类型图为基础,利用高分辨率遥感卫星影像、国土三调土地利用现状图、数字高程模型等多种数据,考虑土壤类型与成土环境因素的发生学关系,来完成图斑土壤类型错误和土壤边界偏差两个方面的检查校准。这些错误或偏差问题主要来源于二普时期土壤图制图由于所用基础资料粗略、制图人员专业水平差异、土壤二普分类系统未反馈更新、纸质图局部变形、纸质图数字化错误等,导致出现"土壤二普土壤图某些图斑土壤类型存在错误"和"图斑边界勾绘偏差和接边偏差"情况。

一、坐标投影与空间尺度的统一及校正

土壤类型校核工作涉及多源数据共同参与,容易导致不同数据源的数据投影与空间尺度的不匹配问题。统一采用2000国家大地坐标系(CGCS2000),其他坐标系的数据也需要根据实际情况进行转换。

北京市二普土壤图统一坐标投影后仍存在较大的空间错位,基于二普土壤图及成土环境等数据,与国土三调数据、遥感影像对比分析,存在不同程度的偏移情况,考虑到简单平移或变换不能满足校正需求,可采用局部橡皮页变换的方式,寻找关键控制

链接点，根据指定的橡皮页变换连接线进行空间校正，从而使输入土壤图要素位置更加准确的与真实地物要素位置对齐，最终完成二普土壤图的空间校正。

二、图斑边界与地形地貌偏差问题的校核

根据遥感影像对比分析，土壤类型图斑边界与地形地貌的分布存在明显的偏差，包括河流、水库、裸岩等以及在地形起伏较大的山地丘陵区，土壤类型图斑边界与地形地貌的明显变异处不吻合。

（一）河流、水库、裸岩等非土壤图斑边界的校核

主要针对河流、水库、裸岩等非土壤图斑边界与地形地貌明显变异处不吻合的情况，利用北京市国土三调土地利用现状数据，对二普土壤图中所有非土壤图斑边界开展校核，包括将图斑边界修正为国土三调地块边界。

叠加国土三调土地利用现状数据到空间校正后的二普土壤图上，根据非土壤图斑边界校核方法对河流、水库、裸岩、卵石滩和裸露河滩等非土壤图斑做边界修改，经过联合、消除、融合、删除等操作，完成非土壤图斑边界的校核。

（二）地形起伏明显处土壤类型图斑边界的校核

针对地形起伏较大的山地丘陵区土壤类型图斑边界与地形地貌明显变异处不吻合的情况，可利用高分辨率遥感影像，筛选出地形起伏较大的山地丘陵区土壤类型图斑边界与地形地貌显变异处不吻合的图斑，并检查土壤类型图斑边界与地形地貌明显变异处的距离。对于差异小于等于30m的图斑边界不进行修改，对于

差异超过30m的图斑，勾绘出地形地貌明显变异处的界线作为分割线，并将该地形地貌变异界线同侧的图斑修改为同一种土种类型。具体校核方法见表6-1。

表6-1 地形起伏明显处土壤类型图斑边界校核方法

序号	土壤类型图斑边界与地形地貌明显变异处距离	校核方法
1	≤30m	不修正
2	>30m	基于地形起伏明显界线修正

叠加高分辨率的遥感影像至二普土壤图上，启用图斑编辑器结合实景遥感影像勾绘出地形地貌明显变异处的界线，获取符合实际的山体平原交界线。与二普土壤图连接，提取相交部分，并使用山体平原边界线进行分割，获取边界分割后的问题图斑。将提取并分割后的问题图斑叠加至实景影像上进行目视判读，筛选出分割后存在明显错误的要素将其与实际正确的要素进行合并，获取校正后的图斑与二普土壤图中相同位置的问题图斑进行替换，完成山体平原边界图斑校正。

三、行政区交界处土壤类型图斑接边偏差问题的校核

针对行政区交界处土壤图斑接边问题，可利用高分辨率遥感影像和北京市行政区边界矢量图，对二普土壤图中明显与行政区边界不符合和行政边界两侧土种类型不一致的相邻图斑开展校核。

根据北京市行政区边界数据，检查其与北京市土壤二普图的叠置拓扑关系，对超出行政区范围的土壤图斑进行删除，对于行

政区内的空缺图斑根据区域土壤类型分布规律和附近环境条件相似图斑的土壤类型进行修改；筛选出二普土壤图中行政边界两侧土种类型不一致的相邻图斑，根据高分辨率遥感影像数据，检查其地形地貌是否一致，并根据该一致性结果进行疑问标记，具体校核方法见表6-2。

表6-2　行政区交界处接边偏差的土壤类型图斑边界校核方法

序号	情形检查	校核方法
1	土壤图超出行政区边界范围	裁剪删除
2	行政区边界范围空缺图斑	修改为附近图斑土壤类型
3	行政边界两侧土种类型不一致的相邻图斑存在野外剖面调查点位信息	土壤类型一致不修改；不一致根据野外判定结果修改
4	不存在野外剖面调查点位信息，相邻图斑地貌有明显差异	不修正
5	不存在野外剖面调查点位信息，相邻图斑地貌差异不明显	标记疑问图斑

　　叠加高分辨率遥感影像和北京市行政区边界矢量图到空间校正后的二普土壤图上，根据表6-2提出的校核方法，经过裁剪、合并、消除、删除等操作，完成二普土壤图中明显与政区边界不符合图斑的校核；经过筛选、对比、合并等操作，完成行政区交界处土壤类型图斑接边偏差问题的校核，并标记疑问图斑。

四、土壤类型易错图斑筛查校核

　　土壤的发生、发育、演变及其空间分布具有规律性，当土壤土种类型的成土环境等因素不符合其演变客观规律性时，会存在图斑类型错误的可能，检查图斑土壤类型名称与成土环境因素的一致性，发现并纠正明显错误的土壤类型名称。利用北京市二普土壤图和母质、海拔、坡度、土地利用、植被等成土环境数据，开展了土壤类型易错图斑筛查校核。

根据北京市二普土壤图和母质、海拔、坡度、土地利用、植被等成土环境数据，结合北京市土壤发育和演变规律，总结出易错问题检查清单，对照检查清单逐项检查并根据区域土壤类型分布规律和附近环境条件相似图斑的土壤类型进行修改，或标记为疑问图斑。

叠加遥感影像、母质、海拔、坡度、土地利用、植被等成土环境数据到二普土壤图上，根据易错问题检查项及校核方法对二普土壤类型图斑开展易错图斑的筛选和校核。

五、土壤类型可能改变区提取及校核

以室内校核之后的二普土壤图和国土三调土地利用类型图为基础，对第二次全国土壤普查以来成土环境尤其是土地利用状况发生明显变化导致土壤类型可能改变区域地块进行提取，然后通过乡镇和村组支持配合，调查获取各地块的变更年限、种植作物等关键信息，为下一步在土壤二普土壤图野外校核中设计校核路线、判别这些区域的土壤类型改变提供基础。根据北京市可能引起土壤类型改变的主要情形，基于国土三调土地利用数据、长时序卫星遥感影像、工程性新增耕地图斑等开展提取及校核工作。

为了提取土壤类型改变的位置，首要需要分析土壤类型发生改变的原因。各种自然和人为成土因素的变化都可能引起土壤类型的变化，北京市最主要的是土地利用根本性改变。例如水改旱、退耕还林还草等自然利用类型改为旱地等，以及农田建设措施,如土壤改良、宅基地复垦、坑塘填埋等。其次是气候变化、地下水位下降或自然的土壤发生过程造成关键诊断指标的根本性改变,例如腐殖质积累、脱盐、石灰性等。依据《第三次全国土壤普查土壤类型图编制技术规范(修订版)》提到的8种可能引起土壤类型改变的主要情形,并根据北京市实际情况分析,重点关注以下4种情形。

(1)水田改为旱地、园地、林地、草地。

(2)覆土、填埋等方式建成的新增耕地。

(3)脱盐和次生盐渍化。

(4)其他。风沙土、沼泽土等。

第四节 土壤类型图野外校核

土壤类型图野外校核的目的,一是对土壤类型可能改变的地块图斑进行土壤类型的野外判别确定;二是对室内粗校检查中不确定、有疑问的图斑类型和土壤边界进行野外核查;三是对粗略定位的土壤二普土壤剖面点的土壤类型进行野外确认;四是让制图者能够从全局上理解把握土壤类型与成土环境关系,同时通过打土钻或专家经验的方式快速拾取能代表土壤类型变异全局的检查点。北京市土壤类型图野外校核工作可以基于二普土壤剖面点位、室内校准标记结果以及提取的土壤类型改变区地块等数据,并结合北京市的土壤景观特征,科学布设全北京市典型剖面校核点位和其他校核点位,最终完成对室内粗校检查中不确定的疑问图斑、土壤类型可能改变图斑的校核。

一、校核点位布设

野外校核点位布设需考虑北京市的土壤景观特征，结合北京市二普土壤图、三普下发的土壤剖面点信息、土地利用、遥感影像等数据，设计典型剖面和其他校核点等野外校核调查路线，确定校核样点具体位置。布设原则如下。

（一）兼顾三普未采集土壤剖面信息的土类

根据北京市三普办下发的土壤剖面点信息，统计北京市二普土壤图土壤类型，兼顾当前缺少土类的剖面挖掘布设剖面样点。

（二）土壤类型可能改变的地块图斑

各种自然和人为成土因素的变化都可能引起土壤类型的变化，最主要的是土地利用根本性改变。根据北京市土地利用变化实际情况，利用多年调查数据，筛选出以下情形地块进行典型剖面样点的布设：水田改为旱地、园地、林地、草地；旱地改为水田；覆土、填埋等方式建成新增耕地；盐渍化地块等。

（三）室内校核中有疑问的图斑

室内校核需要检查图斑土壤类型名称与成土环境因素（母质、海拔、土地利用等）的一致性，发现并纠正明显错误的土壤类型名称，对不确定的图斑类型地块进行标记。针对室内校核工作中标记的图斑类型疑问图斑，如某一土种的所有图斑成土母质出现不一致或者景观特征、地形部位有明显差异等情况，进行典型剖面的布设。

（四）全面分析北京市范围土壤类型空间分布规律

包括地带性分布和非地带性分布，根据成土演变规律判断图斑边界的不确定性程度，重点筛选不确定性较高的图斑边界布设定界剖面，兼顾考虑成土环境变化/易变等局地变化性因素布设检查剖面，形成检查剖面和定界剖面共存的外业校核点位。

二、野外校核方法

土壤类型图的野外校核主要包括典型剖面的野外校核和其他剖面的野外校核。

（一）典型剖面的野外校核

典型剖面的野外校核需开展剖面挖掘、照片采集、土壤标本和分层采样工作，并完成了土壤校核信息的描述，共采集完成剖面样本、分层样品、野外观察记录和紧实度数据，最终完成典型剖面的野外校核。

对于山地丘陵区无法获取整段剖面或者某种土壤类型整段土壤标本已采集较多的情况下，可采集纸盒土壤标本。注意土壤发生层土块保持自然结构形态，每组土块标本的排列顺序与剖面发生层次序保持一致。

（二）其他剖面的野外校核

其他校核点位要通过打钻或专家经验现场观察，能够判别土壤土种类型即可，根据剖面性状、地形地貌以及野外速测及观察结果等，采取走访调查、野外土壤打钻、现场土壤发生诊断等方式。

野外校核实施过程中需注意，检查剖面和定界剖面等外业校核点是根据典型剖面位置沿路线设置布点，供野外校核时参考使用。实地外业校核时，并非每个点位都能在预先设置的位置上开展，可根据实际情况进行校核点位的适当、灵活调整。

三、野外校核信息记录

（一）土壤校核信息采集

土壤校核信息采集，以能够判定出土壤土种类型为主要目标。剖面挖掘与拍照完毕后，对土壤发生层进行划分与命名，并记录土壤校核信息描述；对于通过专家经验现场判别土种类型的情况，记录判定依据、GPS记录校核点的经纬度坐标、景观部位和土壤利用情况等信息即可。土壤校核信息描述记录可参照《第三次全国土壤普查外业调查与采样技术规范（修订版）》进行记录。

（二）成果汇总方法

获取各组野外校核中典型剖面点位和其他校核点位的实际位置信息，汇总数据并进行统一编号，最终形成表格数据和SHP文件；检查土壤标本保存是否合理；检查土壤标本标签是否缺失；检查土壤标本标签内容是否正确、完整等；获取各组野外校核中景观照片、剖面照片以及工作照片等，进行照片统一编号，注意每个校核点位之间的照片不可混淆；检查信息描述记录表内容是否正确、完整，是否符合调查规范的要求，对于错误或缺失进行修正、补充，保证记录结果准确无误等。

第五节　基于环境变量的土壤类型推测制图

参照《第三次全国土壤普查土壤类型图编制技术规范（修订版）》，结合北京市实际，可以利用遥感和地理信息系统等现代地理信息技术获取成土环境变量，结合土壤调查采样、数据分析及一定的土壤认知，建立土壤类型及与成土环境之间关系的定量模型，在计算机辅助下进行土壤推测，最终生成土壤类型推测图。该制图方法运用了土壤发生学理论，选取能够影响土壤发育的母质、地形、植物、人类活动等环境变量，基于机器学习算法挖掘土壤及其对应环境知识，在较大程度上克服了常规土壤调查方法的局限，更高效、精准地推断北京市土壤类型分布信息，以更好地支撑土壤类型图的更新。

一、地形地貌单元划分

土壤—景观模型认为环境因子和土壤之间存在着某种对应关系，其基本的假设是，相同的环境因子下，会孕育出相同的土壤类型，对于不同地形地貌，选取与土壤类型形成与演变相关的同样环境因素变量进行模型土壤制图，整体上山地丘陵地区利用环境变量进行土壤类型推测制图的精度优于平原地区，这是因为山地丘陵地区地形起伏度大，由地形差异能够引起水文、植被和气候等因素的差异，进而影响土壤形成过程；而平原地区地形起伏较小，能够指示土壤成土过程的环境因子有限，地形因子已经不是决定土壤形成的关键因素，且由于地形引起的水文条件和植被分布等也失去了典型的空间影响。同时平原地区土壤受河流搬运、人为干扰等影响较大,运用土壤—景观模型的关系假设就很难得到保证。

结合北京市地形地貌特点,在进行土壤类型推理制图时,按照地形地貌分区将全市划分了平原区和山地丘陵区两个地理单元,根据北京市地形特点,参考李婧等(2007)《基于空间技术的北京市山地平原界线勘定研究》,依据高程等高线作为主要划分依据,超过100m区域作为山地丘陵地区,未超过100m区域作为平原区域。针对平原和山地丘陵区分别筛选环境变量分别建模,尽可能地提高土壤类型推理制图结果的科学性和准确性。

二、典型虚点的拾取

根据北京市土壤类型分布特性,结合剖面调查样点和检查点分布情况,判断训练样本和验证样本是否支撑模型运行。在土壤类型没有改变的区域,若剖面调查样点和检查点数量少分布局限,建模样点不足时,可以从土壤二普土壤图上拾取土壤类型典型点(非实际调查观测点)作为补充性样本点,比如针对北京市平原地区提高建模点位密度等。

分析全北京市剖面样本点收集情况,对于存在部分土种类型不存在样点或样点过少情况,针对所有土种进行建模预测制图具有局限性。需对二普土壤图上每个土种的所有图斑区域进行关键成土因素变量(如高程、坡度、母质等)的数据频率分析,得到每个关键环境协同变量的典型数值区间,映射到地理空间,得到每个环境协同变量的典型区域分布范围图层,空间求交集得到该土种的典型环境条件分布区或多个斑块,提取斑块中心点位置作为该土种的典型虚点。

三、数据预处理

（一）点位数据处理

点位数据处理是将二普土壤剖面点等剖面样本点和典型虚点作为模型输入样本，并基于北京市山地丘陵地区和平原地区进行区分。为了方便模型的运行，对所有土壤剖面样点包括土类、亚类、土属和土种分别进行赋值编码，并基于ArcGIS平台多值提取至点工具，将成土环境特征数据添加到样本点中，用于模型构建。通过随机数设置，对所有土壤剖面样点随机选取80%样本，用于随机森林模型训练，其他剖面样点20%用于分类后精度验证。

（二）成土环境数据

将成土环境图层处理后得到的母质岩性、高程、坡度、坡向、剖面曲率、平面曲率、地形湿度指数、近5年植被指数、土地利用、距河流距离、土壤质地、遥感影像等栅格数据集成为TIFF数据集，作为模型运行协同变量数据输入模型。为了保证数据格式绝对统一，将所有TIFF数据集通过ArcGIS波段合成工具合成一个统一的数据。

四、土壤景观模型构建与推测

（一）模型选择

数字土壤制图研究近年来发展迅速，基于环境协同变量构建的土壤类型或土壤性质制图模型层出不穷，诸如广义线性模型、分类回归树模型、神经网络模型、支持向量机、模糊分类、随机森林等。其中，随机森林算法可以有效避免原始数据的缺失及噪声、异常值造成的精度低等问题,在土壤分类的应用上具有一定的优势,在开展数字土壤制图领域中土壤类型、属性信息获取也广泛应用。同时参照《第三次全国土壤普查土壤类型图编制技术规范(修订版)》,选择随机森林算法作为北京市土壤类型图推测的模型。

(二)模型参数

随机森林通过任意生成多个相互独立的决策树,利用单棵决策树自身的分类规则,集合所有树的分类结果,以投票的方式将最高结果作为输出类别。随机森林建模中包含节点分裂数 $m\ try$ 和决策树的数量 $n\ tree$ 两个重要的参数。根据袋外误差最小原则确定 $m\ try$、$n\ tree$ 的最佳组合参数。通过建立多个随机森林模型,确定最终参数值。针对山地丘陵地区和平原地区的两种模型参数可以不一致,组合参数达到最佳即可。

模型参数调优,首先需要对随机森林模型参数各自的范围加以确定,之后将在这些范围内确定各个超参数的最终最优取值。土体操作先给每个需要择优的超参数划定一个合适的范围(例如对于"决策树个数"超参数,可以将其范围划定在10~5 000),然后用择优算法在每个参数范围内进行搜索。之后将划定的参数匹配每一种超参数组合,并输出最优的组合。

(三)精度验证

精度验证是评判推理土壤图质量的有效方法,一般以样点中正确分类的数量或其与地表真实分类总数量的比值作为分类精度评价的方式,目前最常用的方法就是建立混淆矩阵进行分类精度的验证,该方法主要用于比较最终推理结果图和地表真实土壤信息之间的差异,是用矩阵形式来评价土壤分类精度的一种方式。混淆矩阵可以得到总体精度等具体评估指标精度从而使验证结果更具说服性。

(四)不确定性分析

基于Python语言,利用sklearn的predict_proba算法可以获取分类器对于输出类别的概率估计,概率越高表明分类精度越高,反之概率越低分类精度越低,以此进行北京市土壤类型数字推测制图的不确定性分析,辅助北京市土壤类型数字推测制图的可信度。山区和平原的推测概率结果表明,数值越大,土壤类型预测的可信度越高,不确定性越小。

(五)分类后处理

基于土壤类型及与成土环境之间关系模型完成的土壤土种类型推测栅格图,存在明显的与周围土壤类型不同、面积微小的、无意义的独立像元或多个聚合像元,无论从土壤图制图的角度,还是从实际应用的角度,都有必要对这些图斑进行聚合或重新分类,开展土壤类型土壤制图综合工作,以更能反映土壤分布的宏观规律和地域性特征。

运用聚类处理,对比不同参数设置方案,如:①膨胀核值3行3列,腐蚀核值3行3列;②膨胀核值5行5列,腐蚀核值5行5列;③膨胀核值10行10列,腐蚀核值10行10列等,最终选取效果最优方案作为北京市土壤类型数字推测图。

五、推测制图结果

通过土壤调查数据和成土环境数据制作样本以及特征数据,

训练随机森林分类模型并调优,最后通过聚类分析获得北京市三普土壤数字推测图。将山区丘陵地带和平原地区推测制图结果合并,完成北京市土壤数字推测制图。

第六节　三普土壤类型图生成

按照《第三次全国土壤普查土壤类型图编制技术规范(修订版)》技术要求,可以基于土壤图野外校核工作和土壤类型推测制图结果,对室内校核和可能改变提取过程中产生的疑问图斑,完成土壤类型图的更新,生成北京市三普土壤类型分布图。

一、基于野外校核结果的更新

基于经室内校核和可能改变提取校核后的二普土壤图,叠加典型剖面点位和其他校核点位矢量数据,对比分析野外校核结果对二普图土壤类型进行校核修改。

二、基于推测制图结果的更新

基于北京市土壤类型数字推测制图分布结果,对比分析疑问图斑土种类型,依据制图精度和不确定性,选出土壤推测制图结果中概率性较大(如概率>0.7)的图斑,并结合专家研判,完成对土壤图中可疑图斑的更新。

三、制图综合

土壤图斑分布复杂、种类繁多,不管何种比例尺不可能将土壤全部表示出来，都必须进行取舍和概括。不同比例尺土壤图上其综合程度是不一样的，比例尺缩小越多，其综合程度越大，以改变相邻的土壤图斑变得越来越靠拢拥挤、轮廓混乱而增加读图难度的状况。从内容综合和面积综合两种途径考虑，参考《第三次全国土壤普查土壤类型图编制技术规范（修订版）》，同时采用内容综合、图斑取舍、图斑合并、成分组合等操作，形成最终的土壤图，即北京市三普土壤类型分布图。基于北京市三普土壤类型分布图，遵循国家通用地图制图标准，形成土壤类型专题图，包括"第三次全国土壤普查北京市土壤土类图""第三次全国土壤普查北京市土壤亚类图""第三次全国土壤普查北京市土壤土属图"和"第三次全国土壤普查北京市土壤土种图"。

第七章 土壤属性数字制图

土壤的空间分布是土壤形成与发展过程的体现。数字土壤制图是一种新兴的、高效表达土壤空间分布的技术方法，在过去的30年取得了飞速发展。其理论基础为土壤成土因子学说和地理学第一定律。国内外学者在获取环境变量数据、采样方法、制图模型方法和土壤图产生及评价方面开展了大量的研究，应用案例也从小范围到大区域，甚至是全球尺度。未来数字土壤制图的发展方向包括环境变量刻画的新技术，特别是体现人类活动方面的环境因子；土壤发生学知识与数学模型紧密结合的新型推理方法等。

土壤类型和属性的空间分布信息是生态水文模拟、全球变化研究、资源环境管理所需的基础数据，制图是对土壤空间分布信息获取和表达的有效方式。过去，土壤专家通过野外调查在脑海中形成土壤—景观模型，以多边形为基本表达方式，以手工勾绘为基本技术，依据地形图、航空像片或卫星像片进行土壤制图。近30年来，随着地理信息系统、数据挖掘和地表数据获取技术的发展，数字土壤制图（Digital soil mapping）成为一种新兴的、高效表达土壤空间分布的方法。

数字土壤制图是以土壤—景观模型为理论基础，以空间分析和数学方法为技术手段的土壤调查与制图方法，是有别于传统土壤调查与制图技术的现代化技术体系。其实现过程主要是根据与土壤发生相关的或与土壤具有协同空间变化的地理环境数据以及土壤属性数据，生成数字格式的土壤图，或者根据土壤属性空间分布的自相关特征，应用地统计的方法来推测土壤的空间分布，形成土壤图。以这种方式生成的土壤图通常利用栅格的方式来表达土壤空间变化，从而更详细地表达土壤的空间变化。

第一节 环境变量确定

在数字土壤制图中，很多方法需要利用能体现土壤环境空间变化的地理变量作为辅助变量，这些变量统称为"环境协同变量"。环境协同变量的选择是数字土壤制图的一个关键，具体选择哪些环境变量参与数字土壤制图需要考虑两个主要方面，第一是所选变量应该能体现土壤空间变化，除土壤成土因子外，更应该包括能体现土壤空间变化的其他因子，如作物生长状况等；第二是所选变量的空间变化信息须是容易获取的，而难以获取其空间变化的变量，如时间因子，则一般不能直接地被用于数字土壤制图。下面对常用的环境辅助变量作简单的介绍。

一、成土母质

成土母质是土壤形成过程中的原始物质基础，它对土壤的物理、化学性质以及土壤肥力等有着决定性的影响，通常直接获取母质信息十分困难。因此，在实际制图工作中，常用地质图或地貌图来代替土壤母质分布图，这些地图上的信息通常为矢量化表达的地质类型。

二、气候因素

气候因素可以分为大气候和小气候。在较大的空间范围内,主要考虑大气候,通常选择年均降水、年均温、积温或相对湿度等因子。在较小的空间范围内,大气候对土壤形成的影响基本是均质的,可以忽略;小气候对土壤形成的影响表现出一定的空间差异,该差异主要由地貌部位和地形条件的差异引起。因此,在较小的空间范围内,一般不考虑气候因素,而是利用地形地貌特征信息来体现小气候对土壤发育的影响。

三、地形因素

地形要素是最常用的环境变量,主要包括描述地形特征的定量指标(即地形属性)和描述地貌部位信息的指标(即地貌部位信息)。地形属性可直接或间接由数字高程模型(DEM)计算得到,如海拔、坡度、坡向、曲率、与河流的距离、与山脊的距离、地形湿度指数等。

四、植被要素

植被要素主要分为两类,一类是定性的类型空间分布信息,如植被类型;另一类是定量的属性空间分布信息,主要通过对遥感影像数据的计算获取植被指数和植被生物物理参数,如归一化植被指数(NDVI)、叶面积指数(LAI)等。

近年来,除上述环境变量外,最新开发和探索使用的环境变量还包括人类活动因子、历史土壤图和近地传感数据。人类活动因子在土壤空间变化中起越来越大的作用,逐渐受到人们的关注。例如，宋敏等（2017）利用傅里叶变换对NDVI时序数据生成可表达农作物轮作的环境变量，研究结果表明这些变量可提高农耕区土壤有机质制图的精度。传统土壤图也被用来辅助土壤预测制图，一部分研究是将传统土壤图作为模型的输入用于制图；另一部分研究是将历史土壤图中蕴含的土壤—环境关系知识提取出来，再进行对历史土壤图的更新或制图。此外，土壤近地传感器获得的数据，如电导率数据、多光谱等数据也被用于土壤制图。

第二节　环境变量筛选

在插值过程中，环境变量筛选的目的是识别和选择那些与目标变量密切相关的环境因素。这些因素可以是气候、地形、土壤类型等，它们对目标变量有显著影响。通过筛选出这些关键的环境变量，可以提高插值模型的准确性和预测能力。咸阳等（2024）认为变量筛选方法结合机器学习模型可以更好地实现土壤养分空间插值，可作为土壤养分空间插值的有效方法。

具体来说，环境变量筛选的目的，一是提高模型的解释性，通过识别关键的环境变量，可以更好地理解哪些因素对目标变量有重要影响，从而提高模型的可解释性；二是增强模型的预测能力，选择与目标变量关系密切的环境变量，可以构建更为精确的预测模型，提高插值结果的准确性；三是降低模型的复杂度，在众多的环境变量中，可能只有一部分对目标变量有显著影响，通过筛选，可以去除那些影响较小的变量，从而简化模型结构，减少计算复杂度；四是提高模型的泛化能力，筛选出的关键环境变量往往具有更广泛的适用性，这有助于提高模型在不同地区或条件下的泛化能力；五是为决策提供科学依据，通过环境变量筛选和插值分析，可以为农业生产、环境保护等领域的决策提供科学依据，提高决策的科学性和有效性。影响土壤养分空间分布的环境变量有很多，并不是所有的环境变量参与机器学习建模都能取得很好的空间插值精度，因此在训练机器学习模型之前，需要进行变量筛选。

筛选环境变量的方法主要包括相关性分析、冗余性分析和重要性分析。先通过相关性分析确定环境变量与目标变量的相关性，再分析环境变量之间是否存在冗余性，进一步去掉冗余的数据，最后根据重要性分析结果确定进入插值模型构建的环境变量，具体方法原理与过程介绍如下。

一、相关性分析

常见的相关性分析方法包括Pearson相关系数、Kendall相关系数、Spearman等级相关系数。

（一）Pearson相关系数

Pearson（皮尔森）相关系数是最常用的相关性分析方法，又称积差相关系数，取值-1~1，绝对值越大，说明相关性越强。

（二）Kendall相关系数

Kendall（肯德尔）相关系数也称为肯德尔秩相关系数，是基于数据对象的秩（Rank）来进行两个（随机变量）之间的相关关系（强弱和方向）的评估。

(三) Spearman等级相关系数

它是衡量两个变量的依赖性的非参数指标。它利用单调方程评价两个统计变量的相关性。Spearman(斯皮尔曼)相关性的基本思想是:分别对两个变量X、Y做等级变换,用等级RX和RY表示;然后按Pearson相关性分析的方法计算RX和RY的相关性。如果数据中没有重复值,并且当两个变量完全单调相关时,Spearman相关系数则为+1或-1。

基于SPSS 27软件进行目标变量与环境变量的相关性分析,选择"分析—相关—双变量"工具,"变量"同时选择目标变量与环境变量,相关系数可以根据实际需求选择不同的方法进行分析,显著性检验选择双尾即可。基于SPSS 27的相关性分析操作示意见图7-1。

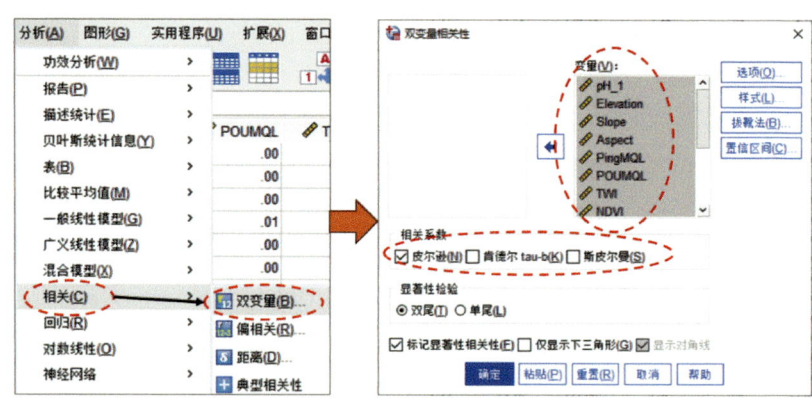

图7-1 相关性分析操作示意图

二、冗余性分析

常见的冗余分析方法为方差膨胀因子(Variance inflation

factor，VIF），VIF是指变量之间存在多重共线性时的方差与不存在多重共线性时的方差之比。VIF值越大，说明变量间的多重共线性程度越强。一般方差膨胀因子（VIF）大于10，则表示有共线性存在。

基于SPSS 27软件进行环境变量间的冗余性分析，选择"分析—回归—线性"工具，点击页面右侧统计工具，将"共线性诊断"勾选即可。冗余性分析操作示意见图7-2。

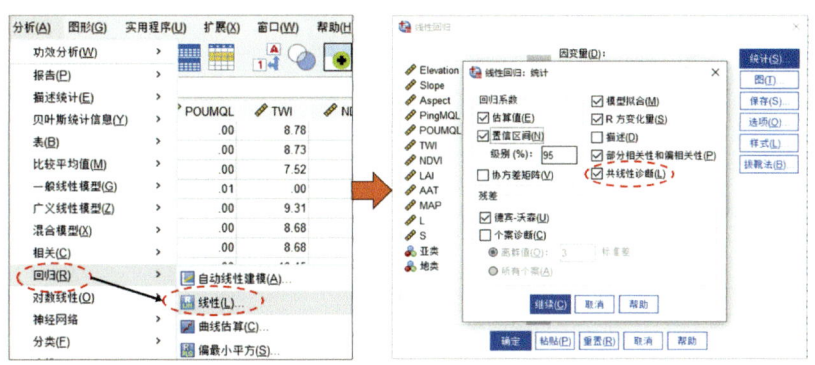

图7-2　冗余性分析操作示意图

三、重要性分析

一个数据集中往往有多个特征，如何在其中选择影响最大的特征集合，对于科学表征结果，减少运算工作量至关重要。常见重要性分析方法包括主成分分析、Lasso和随机森林等。随机森林重要性评估的思想即每个特征在随机森林中的每棵树上做了多大贡献，贡献的计算方式为基尼指数或袋外数据错误率。

基于Matlab 2023b软件编写重要性分析代码，输入目标变量与环境变量,确定进入目标变量插值模型构建的环境变量集合。随机森林重要性分析操作示意见图7-3。

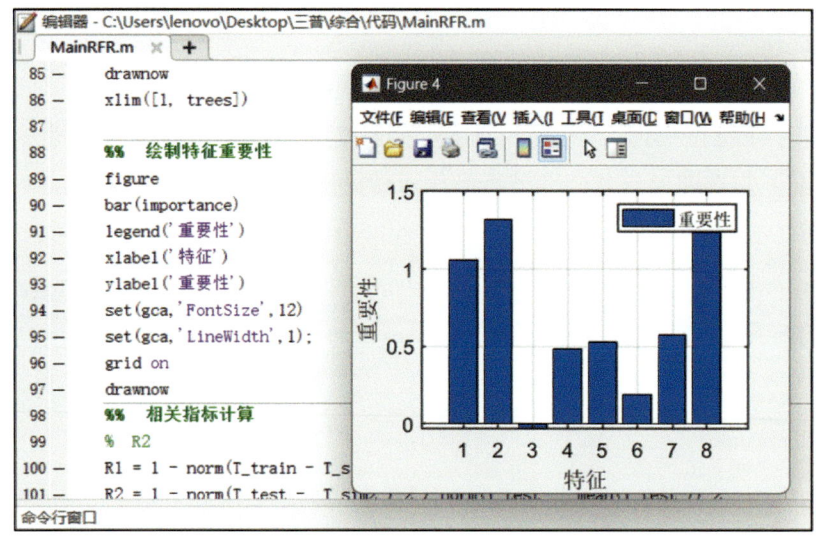

图7-3 随机森林重要性分析操作示意图

第三节 空间预测方法

目前国内外常用的数字制图方法主要包括数理统计、确定性插值、地统计学方法和机器学习等。

地统计方法包括克里格插值及其衍生方法,主要有普通克里格、泛克里格、经验贝叶斯克里格、回归克里格、地理加权回归克里格、协同克里格等方法。机器学习模型利用机器学习与数据挖掘方法，提取土壤属性与辅助变量之间的关系并预测土壤属性的空间分布，可以解决土壤属性与辅助变量的非线性问题，包括随机森林、人工神经网络、分类与回归树等，其中随机森林法应用最广泛。数理统计方法通过已知样点的土壤属性与辅助变量之间的统计关系建立函数，预测土壤属性的空间分布，包括多元线性回归、广义多元线性回归和判别分析。数理统计方法简单直观，且能表达土壤属性与辅助变量之间的相关关系。此类方法均假设土壤属性与辅助变量是线性相关，需要较大的样本量，在小尺度区域预测精度较高。确定性插值法包括反距离加权、最邻近法和样条插值法等模型，是以区域内部的相似性或平滑度为基础，由已知样点来创建表面。下面对常用的插值方法进行详细的介绍。

一、地统计方法

（一）普通克里格法

普通克里格法（Ordinary kriging，OK）是基于空间自相关的数字土壤制图中应用最为广泛的一种方法。其基于样本反映的区域化变量的结构信息（变异函数，也称半方差函数），根据待推测点周围或块段有限邻域内的样本数据，对待推测点进行的一种无偏最优估计，并且能给出每个推测点的推测方差。与其他传统插值方法相比，普通克里格插值法的结果更精确，更符合实际；缺点是要求样本数量较多、分布均匀、样本代表性好，而且区域化变量的结构信息要满足二阶平稳假设。

普通克里格插值法由于简单易操作被广泛应用于早期的土壤物理和化学性质以及土壤养分的空间制图中。普通克里格插值法对变量的空间自相关进行了假设,因此适用于较均一、土壤属性变化不强烈的环境,在小尺度和均质景观区域取得了较好的效果,对区域变异大、面积覆盖广的区域,普通克里格插值法的制图精度不太理想且忽视了土壤属性与环境要素之间的关系。

(二)泛克里格法

泛克里格法(Universal kriging,UK)是一种空间插值技术,用于对具有空间趋势的数据进行预测和估计。它在普通克里格法的基础上进行了扩展,允许数据具有空间变化的均值函数,即数据的期望值与空间位置或其他属性有关。

泛克里格法的核心在于处理数据的空间非平稳性。它通过引入一个趋势面方程来对数据进行去趋势处理,然后再应用普通克里格方法。这种方法特别适用于那些空间分布具有明显趋势的情况,例如某些污染物浓度的分布可能随着海拔或距离污染源的远近而变化。

泛克里格法广泛应用于地质勘探、环境科学、土壤学等领域,特别是在处理具有空间趋势的数据时,它能够提供比普通克里格法更准确的预测。总体来说,泛克里格法是一种强大的空间插值工具,它通过考虑数据的空间趋势和自相关性,提高了预测的准确性和可靠性。

(三)协同克里格法

协同克里格(Co-kriging,CK)和回归克里格(Regression kriging,RK)均利用所预测土壤属性与环境辅助变量之间的相关性来提高预测精度,不同的是,CK将预测变量的空间自相关性及其与辅助变量间的交互相关性结合起来用于无偏最优估计;

RK则将常规统计学与地统计相结合，先用回归模型拟合土壤属性与辅助变量之间的关系，然后对回归残差应用普通克里格法插值，最后将回归预测结果与残差插值结果结合起来得到最终预测结果。关于CK和RK两种方法的精度对比，有研究表明，结合地形属性的RK预测精度高于CK。当辅助变量较多时，RK的预测精度高于CK。

CK以协同区域化理论为基础，以互变差函数为基本工具，研究那些定义于同一空间域中，既有统计相关，又有空间位置相关的多元信息。CK可以将各种不同类型、不同可靠程度的资料结合在一起进行线性回归，它是一种求最优、线性、无偏内插估计量的方法。

CK是一种在理论上更加完善地利用辅助变量的多元克里格法。在实际中，许多变量之间有一定的相关性，而其中一些变量有较丰富的资料，另一些变量的资料则比较少。协同克里格法就是进行这种多变量估值的方法，它既利用了待估测变量的空间连续性，又利用了待估测变量和辅助变量之间的相关关系。

（四）回归克里格法

回归克里格插值方法考虑地理现象的空间分布规律及影响因素，既分析主要影响因素也考虑随机因素，既模拟其空间分布趋势也模拟不确定性，通过建立辅助变量和目标变量之间的方程，分离趋势项，并对残差进行普通克里格插值，最后将回归预测的趋势项和残差的普通克里格估计值进行空间叠加运算，从而得到目标变量的预测值。

在实际应用中，许多区域化变量$Z(x)$是非平稳的。这种情况下不能用普通克里格法进行估计，需要采用混合地统计模型。

地统计学认为区域化变量的空间变化是由确定性和随机成分两部分组成的。对于非平稳的区域化变量，它的确定性部分在空间上不是常量，将这种随空间分布而变化的确定性部分称为趋势（Trend）或漂移（Drift）。

（五）地理加权回归克里格法

当目标变量与解释变量有相关关系时，可以通过最小二乘法（OLS）建立目标变量与解释变量之间的最优线性回归关系，这种关系为全局性关系。地理加权回归克里格作为一种局部回归模型，由于其自变量的回归参数随着空间位置的变化而变化，该模型逐渐成为土壤属性空间分布研究的热点。地理加权回归克里格法是一个从理论到应用上都很成熟的优秀空间统计方法，能够揭示可能被空间非平稳性所掩盖的一些局部变化，反映出更加真实的土壤属性空间变异情况。

（六）经验贝叶斯克里格法

经验贝叶斯克里格法（Empirical bayes kriging，EBK）是一种地统计插值方法，可自动执行构建有效克里格模型过程中的那些最困难的步骤。经验贝叶斯克里格法与其他克里格法也有所不同，它通过估计基础半变异函数来说明所引入的误差。其他克里格法通过已知的数据位置计算半变异函数，并使用此单一半变异函数在未知位置进行预测；此过程隐式假定估计的半变异函数是插值区域的真实半变异函数。由于不考虑半变异函数估计的不确定性，其他克里格法都低估了预测的标准误差。EBK优点包括需要极少的交互式建模，预测标准误差比其他克里格法更准确，可准确预测一般程度上不稳定的数据，对于小型数据集比其他克里格法更准确。缺点包括处理时间会随着输入点数、子集大小或重叠系数的增加而快速增加。应用变换也会增加处理时间。

（七）多维分形克里格法

多维分形克里格法（Multifractal krige，Mkrige）是一种扩展的滑动加权平均插值法，是对滑动加权平均值的结果再乘以一个与测量尺度和奇异性指数有关的因子来作为区域化变量的估计值。通常，空间变量的平均聚集随着测量尺度的变化而变化。多维分形克里格插值能够确保数据特异性和突变性，克服普通克里格的趋中效应，可用于突变现象强烈的土壤属性空间插值。

二、成分数据插值

为解决成分数据的闭合效应和统计分析问题，有学者于1982年和1986年提出成分数据的对数比转换方法，将成分数据变换成其组分的比值对数，结果将近似地服从正态分布，后来的学者又在此基础上做了一定的改进。对数比转换包括非对称对数比和对称对数比，非对称对数比和对称对数比的实现过程相似，对称对数比又称改进的加和对数比。两种方法均是先将各颗粒组分进行转换，然后再采用转回公式将插值数据转回至原始尺度。

三、机器学习

（一）随机森林

机器学习模型利用机器学习与数据挖掘方法，提取土壤属性与辅助变量之间的关系用来预测土壤属性的空间分布。机器学习模型可以解决土壤属性与辅助变量的非线性问题，且对数据分布没有要求，因此被越来越多地应用于数字制图领域。虽然机器学习模型有易过度拟合、不易解释等不足，但该类方法能够有效地解决土壤属性与辅助变量之间的非线性问题，且在大范围区域表现良好，已经逐渐成为土壤数字制图的主流方法。

随机森林是一种基于分类回归树的集成学习方法，该方法通过随机选取样点和特征的重采样训练多个分类回归树，综合多个分类回归树的结果，提高预测精度并解决过拟合问题。随机森林空间插值法将若干辅助变量和目标变量作为单独的属性加入随机森林，以改进空间插值结果。

随机森林是一个包含多个决策树的分类器，并且其输出的类别是由个别树输出的类别的众数而定。随机森林算法有3个主要的超参数，即节点大小、树的数量和采样的特征数量，需要在训练前设置。随机森林作为一种机器学习算法，主要功能是进行回归和分类。同时，它也是集成学习中的一种重要方法，可用于将几个低效模型整合成高效模型。随机森林的工作原理是Bagging（装袋），它是随机森林使用的集成技术。Bagging从数据集中选择一个随机样本，因此每个模型都是从原始数据提供的样本生成的，替换成为行采样。待替换的行采样这一步称为拔靴（Bootstrap）。每个模型均独立训练，在综合所有模型结果的基础上，基于多数投票的方式确定最终的输出结果。

通过相关性分析、冗余性分析以及随机森林重要性分析筛选环境变量，将结果代入随机森林模型进行预测模型构建，基于Python平台编写随机森林插值预测代码见图7-4。

图7-4 基于Python编写随机森林插值预测部分代码

（二）BP神经网络

1. BP神经网络

全称为反向传播（Backpropagation）神经网络，是一种多层前馈神经网络，它通过一种称为反向传播算法的监督学习方法来训练网络的权重。BP神经网络是深度学习的基础之一，广泛应用于各种领域，包括图像识别、语音识别、自然语言处理等。BP神经网络的主要特点如下。

（1）多层结构。BP神经网络由输入层、一个或多个隐藏层以及输出层组成。每一层由多个神经元（或称为节点）组成。

（2）权重和偏置。每个神经元与其他层的神经元通过权重连接，并且每个神经元都有一个偏置项。权重和偏置是网络学习过程中需要调整的参数。

（3）激活函数。每个神经元在接收到输入信号后，会通过一个非线性激活函数进行转换，以引入非线性特性，使网络能够学习和模拟复杂的函数映射。

（4）损失函数。BP神经网络使用损失函数（如均方误差、交叉熵等）来衡量预测输出与实际输出之间的差异。

（5）反向传播算法。在训练过程中，网络先进行前向传播，计算输出。然后，通过反向传播算法计算损失函数关于权重和偏置的梯度。这些梯度信息用于更新网络的参数，以减少预测误差。

（6）梯度下降。通常使用梯度下降或其变体（如随机梯度下降）来更新网络的权重和偏置。这个过程在多次迭代中重复进行，直到网络达到一定的精度或训练达到预定的迭代次数。

2. BP神经网络的训练过程

（1）初始化。随机初始化网络的权重和偏置。

（2）前向传播。输入数据通过网络的每层，通过权重和激活函数计算每层的输出。

（3）计算损失。使用损失函数计算网络输出与实际值之间的差异。

（4）反向传播。根据损失函数的梯度，通过网络反向传播，计算每个权重和偏置的梯度。

（5）参数更新。使用梯度下降算法更新网络的权重和偏置。

（6）迭代训练。重复步骤（2）~（5），直到网络在验证集上的性能不再显著提高或达到预定的迭代次数。

BP神经网络原理示意见图7-5。

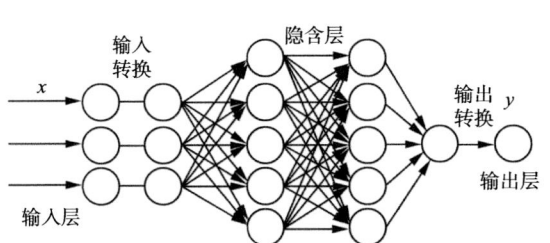

图7-5　BP神经网络原理示意图

BP神经网络的强大之处在于其能够自动学习特征表示，而不需要人工设计特征提取方法。然而，它也有一些局限性，比如容易过拟合、训练时间可能较长、对初始权重敏感等。随着深度学习技术的发展，BP神经网络已经被更复杂的模型如卷积神经网络（CNN）、循环神经网络（RNN）等所扩展和改进。

基于Python平台编写BP神经网络预测模型代码，部分代码见图7-6。

```
import os
from osgeo import gdal
gdal.UseExceptions()
import pandas as pd
import numpy as np
import joblib
from sklearn.preprocessing import StandardScaler

def extract_data(tiff_file_path):
    gdal.AllRegister()
    dataset = gdal.Open(tiff_file_path)
    adfGeoTransform = dataset.GetGeoTransform()
    projection = dataset.GetProjection()
    nXSize = dataset.RasterXSize
    nYSize = dataset.RasterYSize
    data = []
    for i in range(nYSize):
        for j in range(nXSize):
            px = adfGeoTransform[0] + j * adfGeoTransform[1] + i * adfGeoTransform[2]
            py = adfGeoTransform[3] + j * adfGeoTransform[4] + i * adfGeoTransform[5]
            pixel_value = dataset.ReadAsArray(j, i, 1, 1)[0][0]
            data.append([i, j, px, py, pixel_value])
    return data, adfGeoTransform, projection, nXSize, nYSize

def save_to_tiff(output_file_path, data, adfGeoTransform, projection, nXSize, nYSize):
    driver = gdal.GetDriverByName('GTiff')
    dataset = driver.Create(output_file_path, nXSize, nYSize, 1, gdal.GDT_Float32)
    dataset.SetGeoTransform(adfGeoTransform)
    dataset.SetProjection(projection)
    band = dataset.GetRasterBand(1)
    band.WriteArray(np.array(data).reshape(nYSize, nXSize))
    band.SetNoDataValue(np.nan)
    dataset.FlushCache()
```

图7-6　基于Python的BP神经网络预测模型部分代码

四、确定性插值

（一）反距离权重插值

反距离权重插值（Inverse distance weighting，IDW）是一种基于距离的插值方法，它的核心思想是近处的点比远处的点对未知点的值有更大的影响。在进行IDW插值时，首先需要确定待插值位置和已知样点的位置，然后根据待插值位置与已知样点之间的距离来计算权重，权重与距离的倒数成正比。IDW方法的优点在于其简单易用，特别是在样点分布相对均匀的情况下效果较好。然而，它也有一些缺点，比如插值结果可能会表现出锯齿状特征、函数值抖动等问题。

在实际应用中，IDW可以应用于多个领域，例如在环境科学中，它可用于插值降水量、污染水平、温度和湿度等数据点，从分散的观测中提供全面的空间分布图。城市规划者和地理学家使用IDW来估计人口密度、土地利用模式等。尽管IDW是一种局部插值方法，可能无法准确捕捉全球空间趋势，但它的直观性和灵活性使其成为空间分析中的重要工具。

（二）全局多项式插值

全局多项式插值（Global polynomial interpolation，GPI）是一种在ArcGIS中使用的确定性插值方法。它通过拟合一个多项式数学函数来创建一个平滑的表面，这个表面能够反映数据中的粗尺度模式和长期趋势。这种方法类似于将一张纸插入采样点之间，使其尽可能地贴合这些点，但同时捕捉整体的趋势。

全局多项式插值的数学基础是最小二乘拟合，它通过最小化预测值与实际采样点值之间差异的平方和来确定多项式的系数。

这种方法适用于创建平滑的表面，尤其是在研究区域的表面变化平缓时。它通常用于趋势面分析，以识别和消除长期趋势的影响。

（三）局部多项式插值

局部多项式插值（Local polynomial interpolation，LPI）是一种空间插值方法，它与全局多项式插值不同，不是用单个多项式来拟合整个数据集，而是在数据集的每个局部区域内使用不同的多项式进行拟合。这种方法特别适用于捕捉数据中的短程变化，而这些变化可能在全局多项式插值中无法得到很好的表示。

局部多项式插值使用定义的邻域（可以由大小和形状、邻域数量和扇区配置确定）内的点来拟合指定阶数的多项式。这些邻域通常是重叠的，每次预测时，使用的值是位于邻域中心的拟合多项式在该点的值。

局部多项式插值提供了预测标准误差和空间条件数两种度量准确性的方法。预测标准误差表示预测值相关的不确定性，而空间条件数则衡量预测方程解的稳定性。如果条件数较大，则矩阵系数的微小变化会导致解向量的较大变化。局部多项式插值在数据网格化采样且搜索邻域内的数据值呈正态分布时最为精确。

当数据集展现出短程变化时，局部多项式插值法可以更好地捕获这些变化，与全局多项式插值相比，它对邻域距离非常敏感，较小的搜索邻域可能会在预测表面内创建空区域。因此，在生成输出图层之前可以预览表面，以确保选择合适的邻域大小。

第四节 预测精度以及模型对比

一、精度计算

随机选取研究区内20%样点作为验证样点,计算均方根误差(RMSE)、平均绝对误差(MAE)和决定系数(R^2)并比较不同汇交方案精度,计算公式如下:

$$\text{RMSE} = \sqrt{\frac{1}{n}\sum_{i=1}^{n}(p_i - o_i)^2}$$

$$\text{MAE} = \frac{1}{n}\sum_{i=1}^{n}|o_i - p_i|$$

$$R^2 = \left(\frac{\sum_{i=1}^{n}(o_i - \hat{o}_i)(p_i - \hat{p}_i)}{\sqrt{\sum_{i=1}^{n}(o_i - \hat{o}_i)^2}\sqrt{\sum_{i=1}^{n}(p_i - \hat{p}_i)^2}}\right)^2$$

模型拟合效果采用标准化克里格方差(Mean squared deviation ratio,MSDR)和一致性指数(Index of agreement,d),计算公式如下:

$$\text{MSDR} = \frac{1}{n}\sum_{j=1}^{n}\frac{(p_i - o_i)^2}{\sigma_j^2}$$

$$d = 1 - \left[\sum_{i=1}^{n}(p_i - o_i)^2 \Big/ \sum_{i=1}^{n}(|p_i'| + |o_i'|)^2\right]$$

$$\begin{cases} p_i' = p_i - \hat{o}_i \\ o_i' = o_i - \hat{o}_i \end{cases}$$

式中,p_i表示实测值;o_i表示预测值;σ_j表示预测值的方法;

$\hat{p}_i$ 表示实测值的平均值；$\hat{o}_i$ 表示预测值的平均值；p_i' 表示实测值与实测值平均值之间的差值；o_i' 表示预测值与预测值平均值之间的差值。

MSDR值越接近1，拟合的变异函数越准确，一致性指标越大，预测精度越高。

二、不同方法空间预测结果对比

基于延庆区2022年耕地质量评价指标，选择地形湿度指数、高程、归一化植被指数、平面曲率、坡度、坡度因子、坡向、坡长因子、坡长指数、剖面曲率、土地利用类型、土壤亚类、叶面积指数13个辅助变量对指标进行空间预测。

1. pH值

通过相关性分析，pH值与辅助变量间相关性较弱，无显著相关性，采用普通克里格法（OK）和经验贝叶斯克里格法（EBK）对pH值进行插值。结果表明，普通克里格法和经验贝叶斯克里格法插值结果相近，两者的空间分布格局相似。土壤pH值不同插值方法结果对比见图7-7。

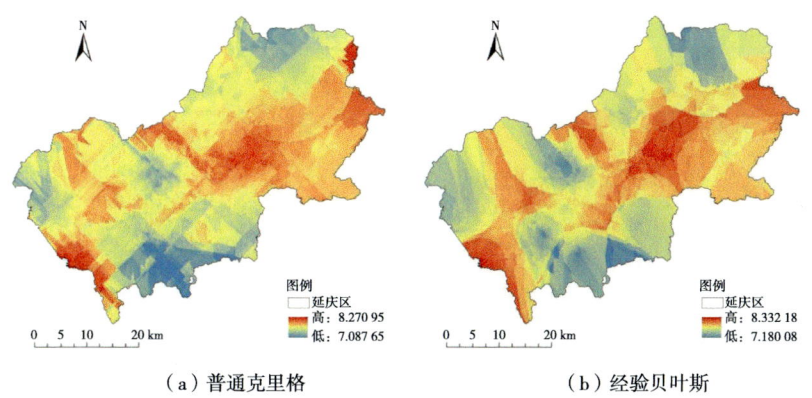

（a）普通克里格　　　　　（b）经验贝叶斯

图7-7　不同插值方法结果对比

通过精度计算结果对比可知,经验贝叶斯克里格法的插值精度更高。不同插值结果精度对比见表7-1。

表7-1 不同插值结果精度对比

指标	OK	EBK
RMSE	0.534 9	0.489 5
MAE	0.395 18	0.364 95
R^2	0.128 9	0.289 6

2.有机质

通过相关性分析,有机质与辅助变量相关性较弱,无显著相关性,采用普通克里格法和经验贝叶斯克里格法对有机质进行插值。结果表明,普通克里格法和经验贝叶斯克里格法插值结果相近,两者的空间分布格局相似。不同插值方法结果对比见图7-8。

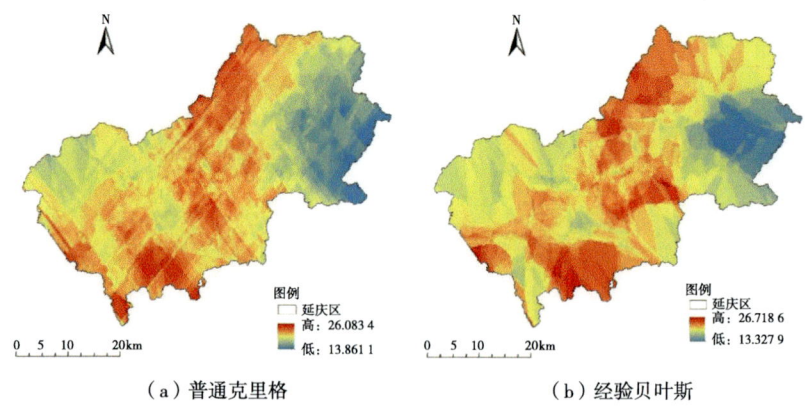

(a)普通克里格　　　　　　　(b)经验贝叶斯

图7-8　不同插值方法结果对比

通过精度指标对比普通克里格法和经验贝叶斯克里格法的插

值结果可知，经验贝叶斯克里格法的插值结果精度更高。不同插值结果精度对比见表7-2。

表7-2 不同插值结果精度对比

指标	OK	EBK
RMSE	6.218 1	6.110 8
MAE	4.967 8	4.851 5
R^2	0.079 9	0.113 3

3. 有效磷

通过相关性分析，有效磷与辅助变量间相关性较弱，无显著相关性，采用普通克里格法和经验贝叶斯克里格法对有效磷进行插值。结果表明，普通克里格法和经验贝叶斯克里格法插值结果相近，两者的空间分布格局相似。不同插值方法结果对比见图7-9。

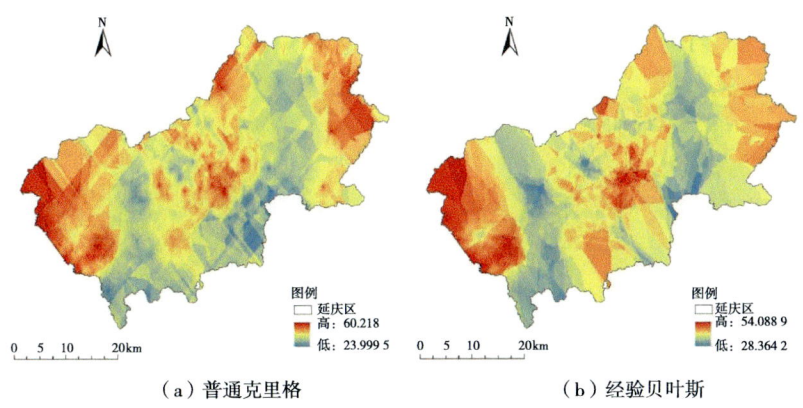

（a）普通克里格　　　　　　（b）经验贝叶斯

图7-9 不同插值方法结果对比

通过精度指标对比普通克里格法和经验贝叶斯克里格法的插

值结果可知,普通克里格法的插值结果精度更高。不同插值结果精度对比见表7-3。

表7-3 不同插值结果精度对比

指标	OK	EBK
RMSE	10.319 4	14.678 9
MAE	8.197 6	11.476 2
R^2	0.733 5	0.130 5

4. 速效钾

通过相关性分析,速效钾与辅助变量间相关性较弱,无显著相关性,采用普通克里格法和经验贝叶斯克里格法对速效钾进行插值。结果表明,普通克里格法和经验贝叶斯克里格法插值结果相近,两者的空间分布格局相似。不同插值方法结果对比见图7-10。

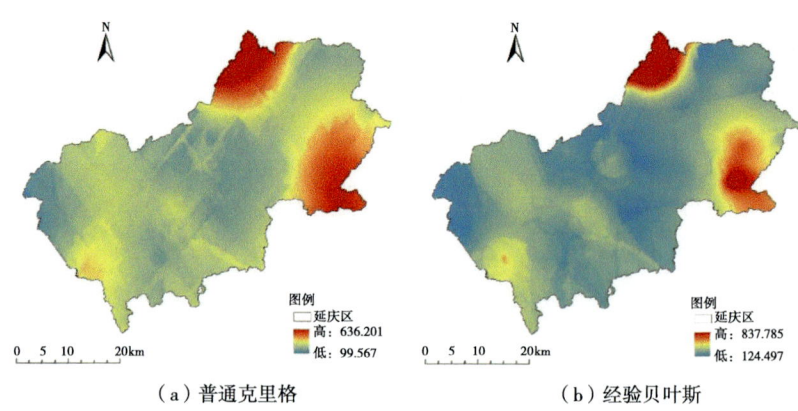

(a)普通克里格　　　　　　　　(b)经验贝叶斯

图7-10 不同插值方法结果对比

通过精度指标对比普通克里格法和经验贝叶斯克里格法的插值结果表明,经验贝叶斯克里格法的插值结果更好。不同插值结果精度对比见表7-4。

表7-4　不同插值结果精度对比

指标	OK	EBK
RMSE	88.156 0	61.184 9
MAE	49.560 9	36.577 8
R^2	0.437 5	0.739 9

5. 全氮

通过相关性分析,确定全氮与高程、剖面曲率和叶面积指数具有显著相关性,在进行协同克里格法(CK)和随机森林(RF)插值时,使用高程、剖面曲率和叶面积指数这3个辅助变量进行全氮的空间插值。采用普通克里格法(OK)、协同克里格法(CK)、随机森林(RF)对全氮进行插值,对比不同插值方法的优劣。OK与CK插值结果相近,都表现出聚集效应,RF插值结果比较好的表现出原始数据分布。不同插值方法结果对比见7-11。

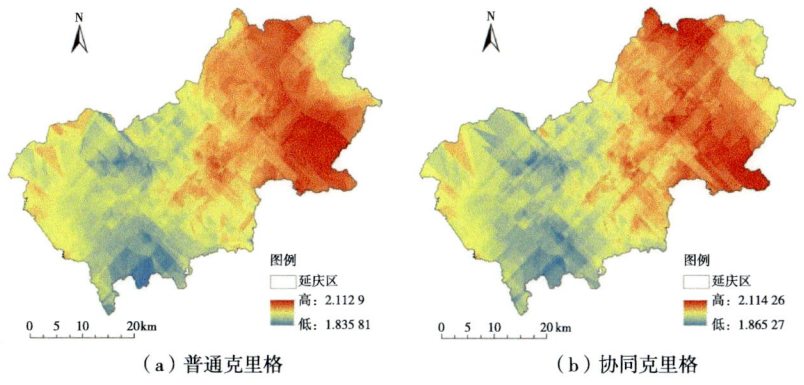

(a)普通克里格　　　　　　　　(b)协同克里格

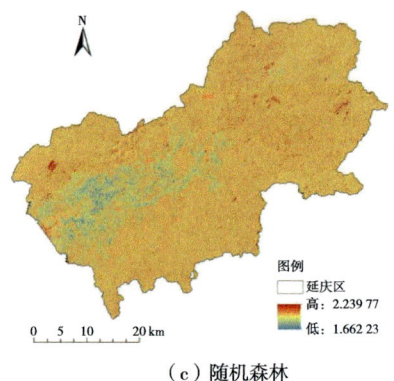

（c）随机森林

图7-11 不同插值方法结果对比

通过RMSE、MAE和R^2对比不同插值精度，结果表明，RF插值结果最好。不同插值结果精度对比见表7-5。

表7-5 不同插值结果精度对比

指标	OK	CK	RF
RMSE	0.135 4	0.137 7	0.062 5
MAE	0.105 1	0.107 3	0.044 9
R^2	0.117 2	0.085 5	0.806 7

6. 全盐量

通过相关性分析，全盐量与辅助变量间相关性较弱，无显著相关性，采用普通克里格法和经验贝叶斯克里格法对全盐量进行插值。结果表明，普通克里格法和经验贝叶斯克里格法插值结果相近。不同插值方法结果对比见图7-12。

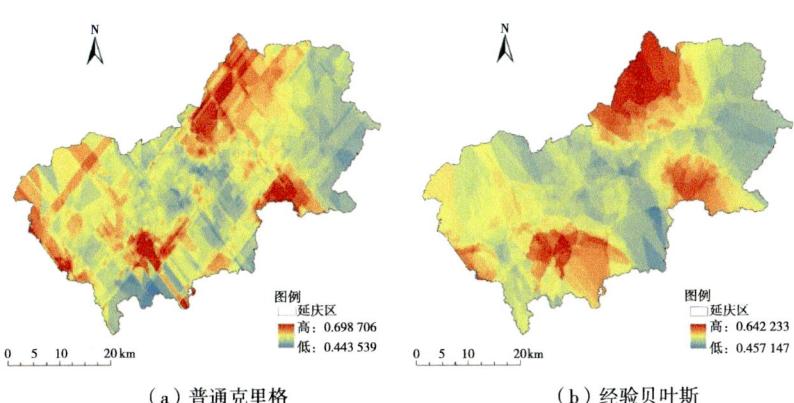

（a）普通克里格　　　　　　　　　（b）经验贝叶斯

图7-12　不同插值方法结果对比

通过精度指标对比普通克里格法和经验贝叶斯克里格法的插值结果表明，经验贝叶斯克里格法的插值结果更好。不同插值结果精度对比见表7-6。

表7-6　不同插值结果精度对比

指标	OK	EBK
RMSE	0.534 9	0.489 5
MAE	0.395 18	0.364 95
R^2	0.128 9	0.289 6

7．总铬

通过相关性分析，确定总铬与高程、剖面曲率和叶面积指数具有显著相关性，使用高程、剖面曲率和叶面积指数这3个辅助变量进行总铬的空间插值。

采用普通克里格法（OK）、协同克里格法（CK）、随机森林（RF）和反距离权重（IDW）的方法对总铬进行插值，对比不同插值方法的优劣。

一般插值方法具有趋中效应，即插值结果会向中间靠拢，使插值范围更集中，CK的插值结果相较于OK，插值结果空间分布相近，但CK的插值范围更大，更接近原始数据。通过机器学习获得的RF插值结果并不理想，与OK和CK插值结果相差较大，可能是点位太少、分布不均匀和辅助变量太少导致的，因为机器学习方法需要大量的数据才能进行合理预测。IDW是基于自身点位数据，而对周边插值点位进行预测，所以IDW无法进行全局最优插值趋势预测。不同插值方法结果对比见图7-13。

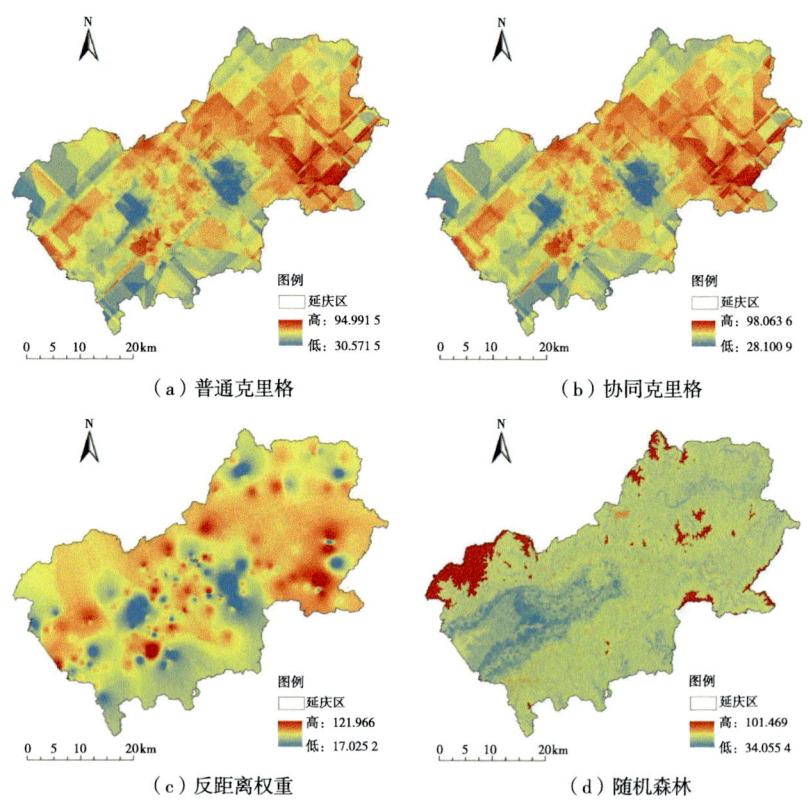

图7-13 不同插值方法结果对比

对不同插值方法的精度进行对比,通过RMSE、MAE和R^2指标综合对比插值模型。通过计算,IDW最优,CK和OK次之,RF最差。IDW最优是因为插值结果基本不改变原始点位的值,拟合效果最好,具有一定的局限性;CK结合辅助变量进行插值,结果精度比OK好;RF精度结果最差,可能是辅助变量少,点位数据少导致的,说明RF不适合小样本、少变量的模型预测。不同插值结果精度对比见表7-7。

表7-7 不同插值结果精度对比

指标	OK	CK	IDW	RF
RMSE	6.086 2	5.327 4	0.030 1	6.430 8
MAE	4.346 1	3.786 6	0.012 087	11.382 6
R^2	0.940 3	0.956 5	1.000 0	0.795 6

8. 总镉

通过相关性分析,总镉与环境辅助变量间无显著相关性,采用普通克里格法和反距离权重的方法对总镉进行插值,对比两种插值方法的优劣。通过RMSE、MAE和R^2的对比,反距离权重的插值结果更好,能够保留点位数据,不会扩大点位的影响。不同插值方法结果及精度对比见图7-14和表7-8。

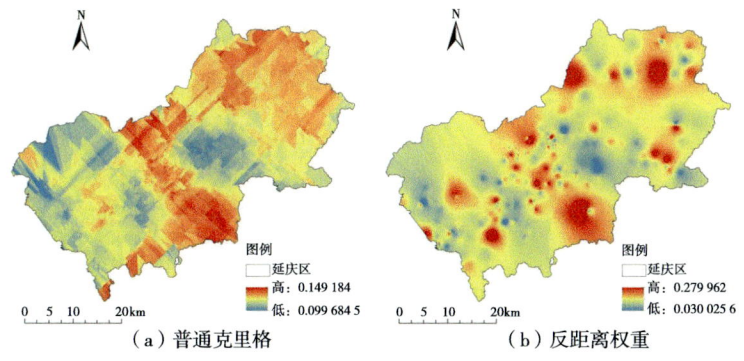

(a)普通克里格   (b)反距离权重

图7-14 不同插值方法结果对比

表7-8 不同插值结果精度对比

指标	OK	IDW
RMSE	0.035 0	0.000 1
MAE	0.025 287	0.000 03
R^2	0.072 5	1.000 0

9. 总砷

通过相关性分析，总砷与环境辅助变量间无显著相关性，采用普通克里格法和反距离权重的方法对总砷进行插值，对比两种插值方法的优劣。通过RMSE、MAE和R^2的对比，反距离权重的插值结果更好，能够不改变原始数据大小，不会扩大点位的影响。不同插值方法结果与精度对比见图7-15和表7-9。

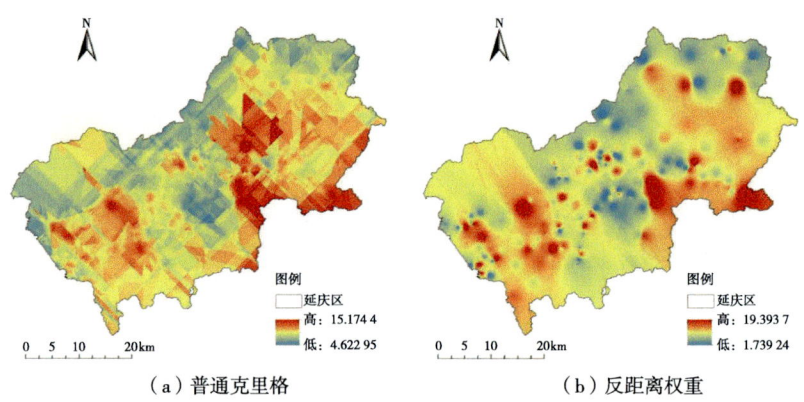

（a）普通克里格　　　　　　　　　（b）反距离权重

图7-15　不同插值方法结果对比

表7-9　不同插值结果精度对比

指标	OK	IDW
RMSE	2.507 3	0.009 7

（续表）

指标	OK	IDW
MAE	1.925 8	0.003 3
R^2	0.586 4	1.000 0

10. 总汞

通过相关性分析，总汞与环境辅助变量间无显著相关性，采用普通克里格法和反距离权重的方法对总汞进行插值，对比两种插值方法的优劣。通过RMSE、MAE和R^2的对比，反距离权重的插值结果更好，不会改变原始数据的大小，普通克里格法拉伸效果明显，且具有趋中效应。不同插值方法结果与精度对比见图7-16和表7-10。

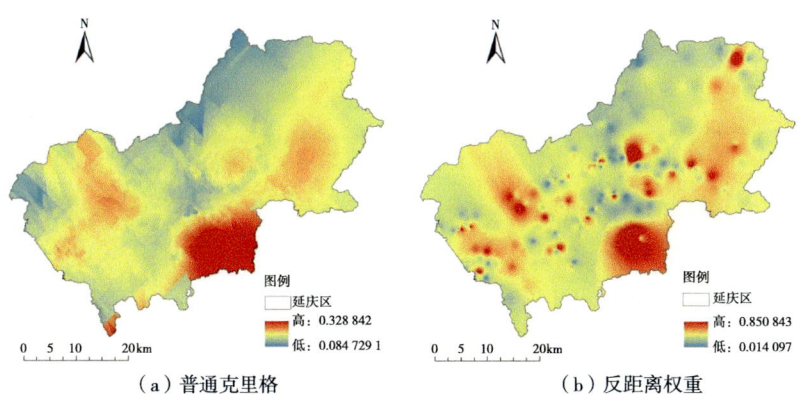

（a）普通克里格　　　　　　　（b）反距离权重

图7-16　不同插值方法结果对比

表7-10　不同插值结果精度对比

指标	OK	IDW
RMSE	0.101 0	0.000 2

（续表）

指标	OK	IDW
MAE	0.066 3	0.000 07
R^2	0.123 8	1.000 0

11. 总镍

通过相关性分析，总镍与环境辅助变量间无显著相关性，采用普通克里格法和反距离加权的方法对总镍进行插值，对比两种插值方法的优劣。通过RMSE、MAE和R^2的对比，反距离权重的插值结果更好，不改变原始数据的大小，普通克里格法的拉伸效果十分严重，且反距离权重插值精度最高，R^2为1。不同插值方法结果和精度对比见图7-17和表7-11。

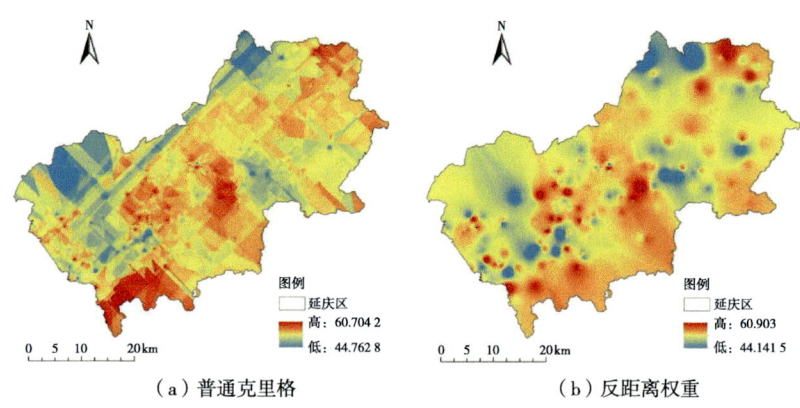

图7-17 不同插值方法结果对比

表7-11 不同插值结果精度对比

指标	OK	IDW
RMSE	0.187 2	0.004 5

（续表）

指标	OK	IDW
MAE	0.134 3	0.002 0
R^2	0.998 9	1.000 0

12. 全铜

通过相关性分析，全铜与环境辅助变量间无显著相关性，采用普通克里格法和反距离权重的方法对全铜进行插值，对比两种插值方法的优劣。通过RMSE、MAE和R^2的对比，反距离权重的插值结果更好，精度也更高。普通克里格法趋中效应和拉伸效果较强，反距离权重能够保留原始数据的大小，不会扩大点位的影响。不同插值方法结果和精度对比见图7-18和表7-12。

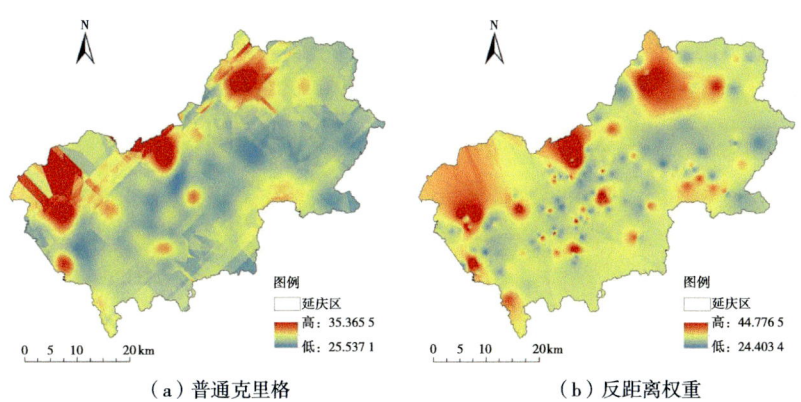

（a）普通克里格　　　　　　（b）反距离权重

图7-18　不同插值方法结果对比

表7-12　不同插值结果精度对比

指标	OK	IDW
RMSE	2.289 9	0.005 4

（续表）

指标	OK	IDW
MAE	1.531 0	0.002 2
R^2	0.518 9	1.000 0

基于上述结果对比分析，对于与环境变量存在较强相关性的指标，选择随机森林插值方法较为合适，而与环境变量无明显相关性的指标，采用普通克里格法、经验贝叶斯克里格法以及反距离权重的方法较为适用。土壤重金属是较为敏感的数据，普通的插值方法会将低值放大，高值降低，采用反距离权重是较好的选择。

第五节　土壤属性分级及丰缺阈值确定

土壤大量养分与中微量元素分级标准及丰缺阈值的确定，基于对土壤中各种营养元素含量的系统评估和分析，是确保农业生产可持续发展和土壤资源有效管理的重要手段。

一、现有标准

参考《耕地质量等级》（GB/T 33469—2016）《全国九大农区及省级耕地质量监测指标分级标准（试行）》《土地质量地球化学评价规范》（DZ/T 0295—2016）和北京市《耕地地力评价技术规程》（DB11/T 1083—2014）等标准，整理部分土壤养分的分级见表7-13和表7-14。

表7-13 《土地质量地球化学评价规范》指标等级划分标准

指标	单位	一级 很丰	二级 丰	三级 适中	四级 稍缺	五级 缺
全氮	g/kg	>2	1.5~2	1~1.5	0.75~1	≤0.75
全磷	g/kg	>1	0.8~1	0.6~0.8	0.4~0.6	≤0.4
全钾	g/kg	>25	20~25	15~20	10~15	≤10
有机质	g/kg	>40	30~40	20~30	10~20	≤10
碳酸钙	g/kg	≤2.5	2.6~10	11~30	31~50	≤51
有效硼	mg/kg	>2	1~2	0.5~1	0.2~0.5	≤0.2
有效铜	mg/kg	>1.8	1.0~1.8	0.2~1.0	0.1~0.2	≤0.1
有效钼	mg/kg	>0.3	0.2~0.3	0.15~0.2	0.1~0.15	≤0.1
有效锰	mg/kg	>30	15~30	5~15	1~5	≤1
有效铁	mg/kg	>20	10~20	4.5~10	2.5~4.5	≤2.5
有效锌	mg/kg	>3	1~3	0.5~1	0.3~0.5	≤0.3
有效硅	mg/kg	>230	115~230	70~115	25~70	≤25
有效硫	mg/kg	>30	16~30	<16		
有效钙	mg/kg	>1 000	700~1 000	500~700	300~500	≤300
有效镁	mg/kg	>300	200~300	100~200	50~100	≤50
碱解氮	mg/kg	>150	120~150	90~120	60~90	≤60
速效磷	mg/kg	>40	20~40	10~20	5~10	≤5
速效钾	mg/kg	>200	150~200	100~150	50~100	≤50

表7-14 《全国九大农区及省级耕地质量监测指标分级标准(试行)》指标分级标准

指标	单位	分级标准				
		1级（高）	2级（较高）	3级（中）	4级（较低）	5级（低）
有机质	g/kg	>25.0	20.0~25.0	15.0~20.0	10.0~15.0	≤10.0
pH值		6.5~7.5	7.5~8.0 6.0~6.5	8.0~8.5 5.5~6.0	8.5~9.0 5.0~5.5	>9.0 ≤5.0
全氮	g/kg	>1.50	1.25~1.50	1.00~1.25	0.75~1.00	≤0.75
有效磷	mg/kg	>40.0	30.0~40.0	20.0~30.0	10.0~20.0	≤10.0
速效钾	mg/kg	>200	150~200	100~150	50~100	≤50
缓效钾	mg/kg	>1 000	800~1 000	600~800	400~600	≤400
交换性钙	mg/kg	>1 000	700~1 000	500~700	300~500	≤300
交换性镁	mg/kg	>300	200~300	100~200	50~100	≤50
有效硫	mg/kg	>50.0	40.0~50.0	30.0~40.0	20.0~30.0	≤20.0
有效铁	mg/kg	>20.0	15.0~20.0	10.0~15.0	5.0~10.0	≤5.0
有效锰	mg/kg	>30.0	15.0~30.0	10.0~15.0	5.0~10.0	≤5.0
有效铜	mg/kg	>1.80	1.00~1.80	0.50~1.00	0.20~0.50	≤0.20
有效锌	mg/kg	>3.00	2.00~3.00	1.00~2.00	0.50~1.00	≤0.50
有效硼	mg/kg	>2.00	1.00~2.00	0.50~1.00	0.20~0.50	≤0.20
有效钼	mg/kg	>0.20	0.15~0.20	0.10~0.15	0.05~0.10	≤0.05
有效硅	mg/kg	>200	150~200	100~150	50~100	≤50
全磷	g/kg	>1.00	0.80~1.00	0.60~0.80	0.40~0.60	≤0.40
全钾	g/kg	>25.0	20.0~25.0	15.0~20.0	10.0~15.0	≤10.0

二、文献资料查询

基于已确定的指标体系，明确指标分级和丰缺阈值的准确性，提取文献中土壤大量与中微量元素分级标准及其丰缺阈值的具体数据和信息，将提取的数据按照元素种类、分级标准、丰缺阈值等进行分类整理。进行统计分析，了解不同元素在不同土壤中的分布规律，以及不同分级标准和丰缺阈值的适用性和准确性。

（一）土壤微量元素

土壤中植物生长发育所必需而需要量很少的那些营养元素，即微量元素，主要包括铁、锰、硼、锌、铜、钼、氯和镍。中国土壤中主要微量元素的一般含量如下：有效铜含量为 0.497～120mg/kg，平均为8.26mg/kg，铜是植物体内多种氧化酶的组成成分，对植物的生长发育有着直接影响；有效锌含量为0.020～31.6mg/kg，平均为6.27mg/kg，锌是植物生长激素的重要组成部分，缺锌会导致植物生长受阻；有效铁含量为1.75～140mg/kg，平均为19.3mg/kg，铁是形成叶绿素的重要元素，缺铁会导致植物出现黄叶病；有效硫含量为6.72～69mg/kg，平均为35.0mg/kg，硫是构成蛋白质的重要元素，对植物的生长发育至关重要；有效锰含量为0.684～69.1mg/kg，平均为13.8mg/kg，锰参与植物体内的光合作用和呼吸作用，对植物的碳水化合物代谢有重要影响；有效钼含量为0.023～0.318mg/kg，平均为0.144mg/kg，钼是氮代谢中的关键元素，缺钼会影响植物对氮的吸收和利用；有效硼含量为0.074～1.45mg/kg，平均为0.483mg/kg，硼对植物的生殖生长尤为重要，缺硼会影响花粉管的生长和果实的发育。

（二）土壤有机质

土壤有机质是土壤固相部分的重要组成成分，是植物营养的主要来源之一，能促进植物的生长发育，改善土壤的物理性质，促进微生物和土壤生物的活动，促进土壤中营养元素的分解，提高土壤的保肥性和缓冲性。它与土壤的结构性、通气性、渗透性和吸附性、缓冲性有密切的关系，通常在其他条件相同或相近的情况下，在一定含量范围内，有机质的含量与土壤肥力水平呈正相关。有机质丰缺阈值在不同土壤和作物中有所不同，具体数值需要根据不同的土壤类型和作物需求来确定。在葡萄种植的土壤中，有机质含量达到或超过75g/kg时，可以认为是丰值；在紫花苜蓿种植的土壤中，有机质含量达到或超过15g/kg时，可以认为是丰值。

（三）土壤全氮

土壤全氮是指土壤中所有形态氮的总量，包括有机氮和无机氮两部分，是评价土壤肥力的重要指标之一。施用氮肥可显著提高土壤中全氮含量。种植茄子，土壤全氮含量范围为0.74~0.87g/kg，在施用氮、磷、钾肥基础上硼、钼配施处理的全氮含量最低，在施用氮、磷、钾肥基础上施用钼肥处理的全氮含量最高。种植苋菜，土壤全氮含量范围为0.80~1.00g/kg，在施用氮、磷、钾基础上单独施用硼肥处理的全氮含量最低，在施用氮、磷、钾肥基础上硼、锌、钼配合施用处理的全氮含量最高。种植萝卜，土壤全氮含量范围为0.83~0.99g/kg，在施用氮、磷、钾基础上硼、锌、钼配施处理的土壤全氮含量最低，在施用氮、磷、钾肥基础上施用锌肥处理的全氮含量最高。

基于现有资料与文献查询，统计土壤中微量元素的丰缺阈值与分级标准（表7-15）。

表7-15　土壤中微量元素丰缺状况（部分）

等级	有效铁/ (mg/kg)	有效锰/ (mg/kg)	有效铜/ (mg/kg)	有效锌/ (mg/kg)	有效硼/ (mg/kg)	有效钼/ (mg/kg)
极低	<2.5	<1.0	<0.2	<0.3	<0.25	<0.1
低	2.5~4.5	1.0~5.0	0.2~0.5	0.3~0.5	0.25~0.5	0.1~0.15
中等	4.5~10	5.0~15.0	0.5~1.0	0.5~1.0	0.5~1.0	0.15~0.2
高	10~20	15.0~30.0	1.0~2.0	1.0~3.0	1.0~2.0	0.2~0.3
极高	>20	>30.0	>2.0	>3.0	>2.0	>0.3
缺乏临界值	4.5	5.0	0.5	0.5	0.5	0.15

三、数据统计分析

基于延庆区2022年耕地质量评价结果，利用概率累计曲线统计不同指标的累积概率，划分养分等级。

概率累积曲线（Probability cumulative curve）也称粒度概率图，是一种在概率坐标纸上做出的累积曲线。概率纸上的纵坐标是概率分度的百分数值，横坐标是（等差的）算术分度的 ϕ 值，它通常是由若干直线段组成。

基于校核、异常值剔除和正态分布转换后的样本，开展累计概率曲线分析，按照累积概率20%、40%、60%、80%对应的土壤属性实测值作为分级标准的分界点。

概率累计的代码运算如图7-19所示。以pH值、全氮、全盐量、有机质、有效磷、速效钾、有效锰、有效锌、有效铁、有效硫、有效硼、有效硅、有效钼、有效铜为例，绘制概率累计曲线图。土壤大量元素和中微量元素分级标准、等级划分结果见表7-16。

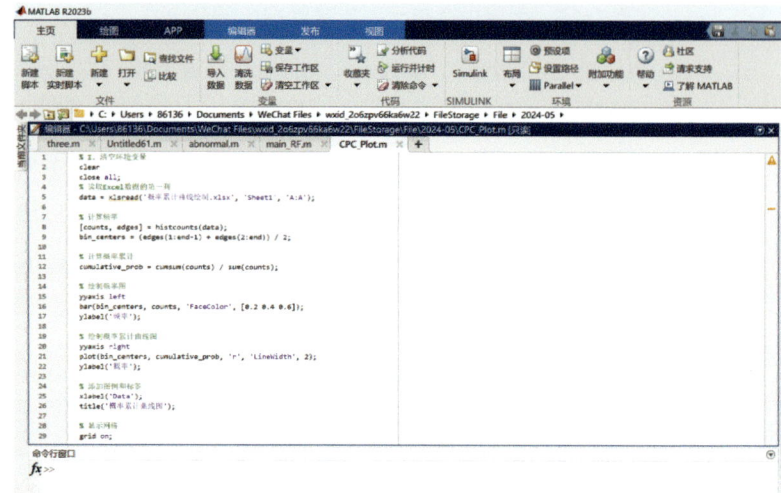

图7-19　概率累计曲线代码

表7-16　部分土壤养分等级划分与丰缺阈值标准

指标	单位	一级（丰）	二级（较丰）	三级（适中）	四级（稍缺）	五级（缺）
有机质	g/kg	30	20～30	15～20	10～15	≤10
全氮	g/kg	>1.2	0.9～1.2	0.7～0.9	0.5～0.7	≤0.5
有效磷	mg/kg	>40	20～40	20～10	10～5	≤5
速效钾	mg/kg	>200	150～200	100～150	80～100	≤80
有效钼	mg/kg	>0.16	0.12～0.16	0.08～0.12	0.04～0.08	≤0.04
有效铁	mg/kg	>40.0	30.0～40.0	20.0～30.0	10.0～20.0	≤10.0
有效锰	mg/kg	>25.0	20.0～25.0	10.0～20.0	5.0～10.0	≤5.0
有效铜	mg/kg	>2.40	1.20～2.40	1.20～1.80	0.60～1.20	≤0.60
有效锌	mg/kg	>3.50	2.50～3.50	2.00～2.50	1.00～2.00	≤1.00
有效硼	mg/kg	>1.00	0.80～1.00	0.50～0.80	0.30～0.50	≤0.30

养分分级的目的是科学评价土壤的养分含量，以便指导农业生产和土壤修复工作。通过养分分级，可以更准确地了解土壤的肥力水平，从而为植物生长提供所需的营养元素，同时也有助于土壤管理和生态环境保护。以下是养分分级的几个主要目的。

一是科学评价土壤肥力。养分分级通过评估土壤中的有机质、氮、磷、钾等关键指标，来确定土壤的肥力水平。这有助于农业从业者了解土壤的养分状况，从而做出合理的施肥决策。

二是指导农业生产。通过养分分级，农民可以知道土壤中哪些养分充足，哪些养分不足，进而采取相应的措施，如增施有机肥料或特定化肥，以提高作物产量和质量。

三是土壤修复和改良。养分分级可以帮助识别土壤中的养分贫瘠区域，为土壤改良和修复提供依据。例如，对于低肥力的土壤，可能需要通过添加有机质或特定养分来提高其肥力。

四是环境监测和保护。养分分级有助于监测土壤养分的变化趋势，评估土地利用和农业活动对土壤肥力的影响，从而为环境保护和可持续发展提供科学依据。

五是数据整合与表达。养分分级有助于整合不同地区、不同时间的土壤养分数据，便于在更大的区域尺度上进行土壤养分状况的分析和比较。

六是提高生态系统稳定性。养分分级可以作为评估区域生态系统稳定性的一个重要指标，通过评价土壤养分状况，可以间接反映生态系统的生产支持能力和可持续性。

综上所述，养分分级是土壤管理和农业科学中的一个重要工具，它有助于提高农业生产效率，保护和改善土壤质量，以及促进生态系统的健康发展。

第八章 土壤评价

土壤是人类社会赖以生存和发展的基础,是制约社会经济发展的重要因素。在党的十九大报告中提出的国土空间用途管制和生态保护修复职责,强调了对土地资源进行科学管理和保护的重要性。这一政策的实施,旨在通过构建国土空间开发保护制度,实现土地资源的合理配置和高效利用,以促进经济、社会和环境的协调发展。科学合理的土地利用方式是创造良好生产生活环境的基础和前提。在快速城镇化和工业化的背景下,土地资源的合理利用显得尤为重要。城市扩张和工业发展往往伴随着耕地减少、土壤污染和生态破坏等问题。这些问题不仅威胁农业生产和食品安全,也对乡村经济的可持续发展构成了挑战。因此,合理利用土地资源,对乡村经济的重振、土壤污染的治理以及生态文明的建设具有深远的影响。我国土地资源总量大,人均占有量少,资源禀赋缺陷明显,资源利用方式粗放,资源配置扭曲。因此,土地适宜性评价的重要意义在于为合理利用土地、调整农业结构、制定土地利用规划提供科学依据。

土壤适宜性评价是判断土壤在一定地域特性基础上承载特定土壤用途的适宜程度,并进行分等定级或者评价分类的过程。一般有以下原则:一是生产性原则。即根据当地农业、林业、牧业生产要求评定土壤质量等级,选择能够反映土壤利用类型差异并可以量化的因子指标。二是可持续发展原则。在开发利用的目标下,以最大限度地保护和永续利用水土资源为宗旨,使生态与经济和谐发展。三是限制性因素与多宜性相结合原则。在评价时，既要考虑农业生产诸要素的单独作用及互动作用，又要考虑限制性及多宜性，并按主要适宜性来确定最佳利用方向。四是分层分类原则。在层次结构上由高到低（如针对不同土地利用大类中的农业、林业、牧业用地），在分类上应由粗到细（如针对不同土地利用方式中的不同作物与轮作制）。五是生产潜力和效益原则。对土壤潜力评价要注意生产潜力，对土壤利用评价则要注意经济效益。

不同时期、不同部门，为了实现不同目的，以土壤适宜性为对象，开展了众多的调查评价工作，但在资料收集整理、评价单元划分、评价指标确定、单元赋值和数据库建立等方面具有一定相似性，本章通过对比梳理不同土壤适宜性调查评价类型方法，明晰土壤适宜性调查评价共性方法。一是图件资料。搜集评价区域土壤普查成果图、最新土地利用现状图、行政区划图、基本农田保护区规划图、农田水利分区图、地形图及其他相关图件。二是数据及文本资料。评价区域土壤普查成果报告及数据资料；历年监测、调查土壤、植株性状检测资料；近3年种植面积、粮食单产、总产统计资料等；水土保持、生态环境建设、水利区划资料；土壤典型剖面照片、对应景观照片；历年肥料投入情况等。三是资料整理。纸质图件采用图件扫描矢量化或手扶跟踪数字化。矢量化图和栅格图的存贮方式分别为ESRI的shapefiles格式和ESRI Grid的格式。图层投影方式为高斯—克吕格投影，坐标系为2000国家大地坐标系，高程系统采用1956年黄海高程基准。

扫描影像应能够区分图内各要素，若有线条不清晰现象，需重新扫描。扫描影像数据经过角度纠正，纠正后的图幅下方两个内图轮廓点的连线与水平线的角度误差不超过0.2°。公里网格线交叉点为图形纠正控制点,每幅图应选取不少于20个控制点,纠正后控制点的点位绝对误差不超过0.2mm(图面值)。矢量化要求图内各要素的采集无错漏现象,图层分类和命名符合统一规范,各要素的采集与扫描数据相吻合,线划(点位)整体或部分偏移距离不超过0.3mm(图面值),所有数据层具有严格的拓扑结构,面状图形数据中没有碎片多边形,图形数据与对应的属性数据输入正确。

与土壤适宜性评价相关的各类纸质调查测试数据计算机分类输入整理,存放在土壤适宜性评价数据库中。

第一节　土壤适宜性评价方法

一、评价单元划分

评价单元是由具有关键影响力的各土地、土壤要素组成的空间实体,是土壤适宜性评价的最基本单位、对象和基础图斑。同一评价单元内的自然基本条件、土地利用属性基本一致,不同土地评价单元之间,既有差异性,又有可比性。土壤适宜性评价就是要通过对每个评价单元的评价,把评价结果落实到实地实施和编绘的等级图上。因此,土壤适宜性评价单元划分的合理与否,直接关系土壤适宜性评价的结果及工作量的大小。

目前,对土壤适宜性评价单元的划分尚无统一的方法,常用的有以下4种。

（一）叠置法

土壤适宜性评价的划分采用土壤图、最新耕地分布图的叠置划分法，相同土壤单元及土地利用现状类型的地块组成一个评价单元，即"土地利用现状类型—土壤类型"的格式，形成评价单元（张元培等，2020）。其中，土壤类型划分到土种，土地利用现状类型划分到二级利用类型，制图区界以基于遥感影像的最新土地利用现状图为准。为了保证土地利用现状的现实性，基于野外的实地调查对耕地利用现状进行了修正，其中菜地进行了进一步的细分。同一评价单元内的土壤类型相同，利用方式相同，交通、水利、经营管理方式等基本一致。

（二）地块法

以底图上明显的地物界线或权属界线，将农用地主导因素相对均一的地块，划成封闭单元，即为农用地分等评价单元。其操作的关键是底图的选择和对分等区域实际情况的了解。具体实施方法为：选用大比例尺的、最新的土地利用现状图作为工作底图，深入实地，以村为单位，了解当地农民的经验分等情况，即当地农民对该村行政范围内土地优劣度的掌握情况，分地块勾绘在工作底图上，这样可以保证分等范围的准确性、分等因素的相似性。勾绘的地块图斑即为农用地分等单元。

（三）动态网格法

选用一定大小的网格，构成覆盖分等范围的初步单元体系，网格大小根据地域的分等因素差异性和单元划分者的经验确定。然后到实地勘察，对单元内评价指标差异较大的再四等分加密，最后形成的网格为评价单元。该方法的关键是如何得知地块的不同特性，进而确定方格大小以及网格内有非农用地或行政界线穿越时如何调整网格。

（四）图斑法

将原有的土地利用详查图经逐年变更订正得到评价年份的现状图，作为工作底图，选取分等区域的所有耕地和宜农未利用土地，用每个与统计台账相对应的图斑作为评价单元（蒋威等，2017）。在以县为单位，需要将1∶1万分幅图拼接后得到1∶5万的全县图，否则将很难进行计算处理。本书采用最新耕地图斑作为评价单元。

二、评价指标确定

（一）评价指标选择的要求

（1）差异性。选择的评价因素能够反映出评价对象不同适宜性等级之间差异性和同一适宜性等级内部的相对一致性。这就需要尽量选择一些变化幅度较大，且其变化对评价对象的适宜性影响显著的因素。

（2）综合性。综合考虑土壤、气候、地貌、生物等多种自然因素、经济条件和种植习惯等社会因素以及土地损毁的类型与程度。

（3）主导性。工矿废弃地复垦再利用过程中，限制因素很多，如坡度、排灌条件、裂缝、土壤质地等，其中对土地利用起主导作用的因素为主导因素。在众多的因素中，部分因素是可以通过少量的投入加以改善的，这些因素不属于主导因素。

（4）定量和定性相结合。定量指标具有明确的量级标准，评价因子尽可能量化。对于难以量化的因子，给予定性的描述。

（5）可操作性。建立的评价指标体系尽可能简明，选取的指标充分考虑了各指标资料获取的可行性与可利用性，既要保证评价成果的质量又要保证可操作性强。

（二）指标的合理选择

合理选择指标对土壤适宜性评价至关重要。我国有关土壤适宜性评价的研究集中于选择合适的评价方法和评价指标的分级上，评价之前几乎均未进行最小数据集（Minimum data sets，MDS）因子的定量选取。因此，尽管评价手段及分级的隶属度确定方法等方面都能与国际接轨，但由于应用这些评价方法前忽略了MDS参数的严格选取，导致我国的土壤适宜性评价结果在评价精度、可信度等方面都相对更加粗糙。对于特定区域，由于土壤利用方式的多变性、数据获取的成本高及因子间的共线性等因素，只能从候选参数数据选出一个能最大限度地代表所有候选参数的最小数据集。MDS就是可以反映土壤适宜性最少的指标参数集合。现有的确定最小数据集的方法主要为数理统计方法，特别是主成分分析法（PCA）。PCA法能在一定程度上减少参评指标的数量，也能在一定程度上降低数据冗余，然而，参评因子数量的减少意味着衡量土壤适宜性信息的丢失，因此目前基于PCA的评价很少能够兼顾数据冗余和信息丢失。此外，目前建立土壤适宜性评价MDS很少考虑土地利用、土壤特征等环境因素。

（三）评价限制因素

根据《第三次全国土壤普查土壤农业利用适宜性评价技术规范（试行）》，结合北京市属性指标障碍性分析，遴选北京市土壤农业利用适宜性评价限制因素。拟选择的限制因素包括坡度、海拔、潜在土壤侵蚀量、土层厚度、地表砾石含量、水资源条件、排水能力、基岩出露丰度、土壤质地、有机质含量和pH值等指标。其中坡度、海拔、潜在土壤侵蚀量、土层厚度、地表砾石含量、水资源条件、排水能力和基岩出露丰度为确定适宜类型指标，土壤质地、有机质含量和pH值为确定适宜程度指标。

三、评价指标值获取

（一）数值型指标

常见的单元赋值方法包括克里格插值及其衍生方法，主要有普通克里格、泛克里格、经验贝叶斯克里格、回归克里格、地理加权回归克里格、协同克里格等方法。

（二）概念型指标

概念型指标的提取利用ArcGIS的属性连接功能，以评价单元图斑为源要素类，以概念型指标专题图为连接要素类，基于评价单元图斑的空间位置，将概念型指标赋值到评价单元中。

基于数据分析结果，获取评价指标专题图，并采用优选的赋值方法对各评价指标进行赋值。

四、土壤适宜性划分与评价

（一）适宜类的划分

根据土壤用作耕地、园地、林地、草地的自然适宜性来划分适宜类，它反映的是土壤用于农业生产的适宜性水平的高低和限制性大小。土壤农业利用的适宜性高低通过评价因素限制性的强弱反映，限制因素评级越高，适宜性越低（图8-1）。土壤农业利用的适宜类，按照农业利用要求及各类资源在国家战略中的重要程度确定用地优先级顺序（耕地>园地>林地>草地）的基础上，依次划分为宜耕、宜园、宜林、宜草和不适宜类，不适宜类不作细分。

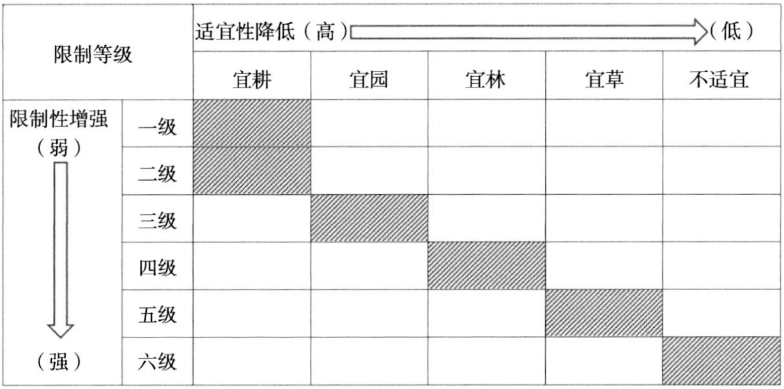

图8-1 限制等级和适宜性的关系

以限制因素级别和限制因素的个数相结合的方法进行限制等级的评级，根据耕地优先的前提逐一评价土壤农业利用适宜等级（表8-1）。

表8-1 基于限制因素等级及个数的限制等级判别矩阵

限制因素级别	限制因素/个				
	1	2	3	4	>4
≤2级	一级	一级	一级	一级	一级
3级	二级	二级	三级	四级	五级
4级	三级	三级	四级	五级	六级
5级	四级	五级	五级	六级	六级

(二)适宜类的确定

根据限制等级与适宜类的关系表(表8-2),评定适宜类。其中,适宜类评定的优先级为"耕>园>林>草"。

表8-2 限制等级与适宜类的对应关系

限制等级	一级	二级	三级	四级	五级	六级
适宜类	宜耕	宜耕	宜园	宜林	宜草	不适宜

一级:没有或只有很少限制,坡度平缓、土层深厚、持水性好、易耕、高产,采用通常的栽培耕作方法和一般的管理即可维持农作物生产和土壤持续稳定利用。

二级:对于农作物种植有一般限制,可以通过加强管理措施,如灌溉、排水、水土保持等满足农作物种植需要,且因限制性较弱,采取简易的改良措施即可满足生产稳定性。

三级:对于种植大田作物有严格限制,如坡度较陡、地表砾石丰度较大、水资源条件较差等,耕作后还会有破坏和风险。但对于管理水平较高的园地利用适宜程度较高。

四级:不宜栽培农作物和园艺作物,虽然存在一定的极端限制因素,但对林(草)生长的影响较小,适宜的林草类型较多,需要一定的水土保持措施以保证生产稳定性。

五级:存在限制林(草)生长的因素,如土层浅薄、砾石丰度大、土壤侵蚀等严格限制,需要特别的工程技术措施,提升其对林(草)利用的适宜性,但少有永久性限制。

六级:存在多个中等以上且难以改良的限制因素,比如坡度过陡、土层非常浅薄、地表砾石或基岩出露丰度很大、水资源匮乏、土壤侵蚀剧烈、经常性洪涝灾害等,存在严重的土壤退化危险，不适宜农业利用。

（三）判定适宜程度

根据限制因素等级≥3级的限制因素个数，将为宜耕、宜园、宜林、宜草4个适宜类分别细化为高度适宜（Ⅰ）、中度适宜（Ⅱ）和勉强适宜（Ⅲ）3种适宜程度。宜耕地如有重金属污染情况（GB 15618—2018）则进行降级处理，重金属含量超过风险管制值只能判断为"勉强适宜"，低于风险管制值高于风险筛选值最高只能判断为"中度适宜"。细化规则见表8-3。

表8-3　基于限制因素个数的适宜程度判别方法

适宜类	适宜程度		
	高度适宜（Ⅰ）	中度适宜（Ⅱ）	勉强适宜（Ⅲ）
宜耕	0	1	2
宜园	1	2	≥3
宜林	1	2	≥3
宜草	2	3	≥4

注：表中数字代表的是限制因素的等级≥3级的限制因素的个数。

第二节　耕地质量等级评价方法

一、评价单元划分

评价单元是由具有关键影响力的各土地、土壤要素组成的空间实体，是耕地质量评价的最基本单位、对象和基础图斑。同一评价单元内的自然基本条件、土地利用属性基本一致，不同土地评价单元之间，既有差异性，又有可比性。耕地质量评价就是要通过对每个评价单元的评价，把评价结果落实到实地实施和编绘的等级图上。第三次全国土壤普查耕地质量评价的划分采用行政区划图、土壤图、最新耕地分布图的叠置划分法，相同土壤单元及土地利用现状类型的地块组成一个评价单元，即"土地利用现状类型—土壤类型"的格式，形成评价单元。其中，土壤类型划分到土种，土地利用现状类型划分到二级利用类型，制图区界以基于遥感影像的最新土地利用现状图为准。为了保证土地利用现状的现实性，基于野外的实地调查对耕地利用现状进行了修正，其中菜地进行了进一步的细分。同一评价单元内的土壤类型相同，利用方式相同，交通、水利、经营管理方式等基本一致。

二、评价指标体系

根据《第三次全国土壤普查耕地质量等级评价技术规范》，北京市采用黄淮海区燕山太行山山麓平原农业区耕地质量等级评价指标体系，共12个评价指标，具体见表8-4。

表8-4 北京市耕地质量等级评价指标体系

立地条件	耕地理化性状	养分状况	农田管理
地形部位	耕层质地	有机质含量	灌溉能力
有效土层厚度	土壤容重	有效磷含量	排水能力
质地构型		速效钾含量	
耕层厚度	酸碱度		

根据《第三次全国土壤普查耕地质量等级评价技术规范》，

北京市耕地质量指标权重采用黄淮海区燕山太行山山麓平原农业区耕地质量等级评价指标权重,具体见表8-5。

表8-5　北京市各评价指标权重

评价指标	权重
灌溉能力	0.171
耕层质地	0.142
地形部位	0.133
有效土层厚度	0.117
质地构型	0.090
有机质	0.089
排水能力	0.064
有效磷	0.062
速效钾	0.053
土壤容重	0.034
耕层厚度	0.023
酸碱度	0.022

根据《第三次全国土壤普查耕地质量等级评价技术规范》,各指标隶属度具体见表8-6和表8-7。

表8-6　概念型指标隶属度

地形部位	平原低阶	宽谷盆地	山间盆地	平原中阶	平原高阶	丘陵下部	丘陵中部	丘陵上部	山地坡下	山地坡中	山地坡上
隶属度	1	0.95	0.9	0.87	0.8	0.7	0.5	0.4	0.4	0.3	0.2
质地构型	上松下紧型	海绵型	上紧下松型	紧实型	夹层型	松散型	薄层型				

隶属度	1	0.9	0.88	0.85	0.68	0.65	0.4				
耕层质地	黏壤土	粉(砂)质黏壤土	砂质黏壤土	壤土	粉(砂)质壤土	粉(砂)质黏土	壤质黏土	黏土	砂质黏土	重黏土	砂质壤土	砂土及壤质砂土
隶属度	1	0.97	0.96	0.94	0.94	0.92	0.92	0.88	0.88	0.82	0.8	0.55
灌溉能力	充分满足	满足	基本满足	不满足								
隶属度	1	0.85	0.7	0.5								
排水能力	充分满足	满足	基本满足	不满足								
隶属度	1	0.85	0.7	0.5								

表8-7 数值型指标隶属度

指标名称	函数类型	函数公式	a值	c值	u的下限值	u的上限值
有机质	戒上型	$y=1/[1+a(u-c)^2]$	0.005 431	18.219 012	0	18.2
速效钾	戒上型	$y=1/[1+a(u-c)^2]$	0.000 01	277.304 96	0	277
有效磷	戒上型	$y=1/[1+a(u-c)^2]$	0.000 067	82.011 35	0	82.0
酸碱度	峰型	$y=1/[1+a(u-c)^2]$	0.169 766	6.969 304	2	11

（续表）

指标名称	函数类型	函数公式	a值	c值	u的下限值	u的上限值
土壤容重	峰型	$y=1/[1+a(u-c)^2]$	6.753 478	1.238 321	0.1	2.4
耕层厚度	戒上型	$y=1/[1+a(u-c)^2]$	0.006 091	22.659 756	0	22.6
有效土层厚度	戒上型	$y=1/[1+a(u-c)^2]$	0.000 125	126.645 579	0	126

注：y为隶属度；a为系数；u为实测值；c为标准指标。当函数类型为戒上型，u小于等于下限值时，y为0；u大于等于上限值时，y为1；当函数类型为戒下型，u小于等于下限值时，y为1，u大于等于上限值时，y为0；当函数类型为峰型，u小于等于下限值或u大于等于上限值时，y为0。

按照从小到大的顺序，在耕地质量综合指数曲线最高点到最低点采用等距离法进行划分。耕地质量综合指数越大，耕地质量水平越高；反之，耕地质量水平越低。

采用累加法计算耕地质量综合指数。

$$P = \sum(C_i \times F_i)$$

式中：P为耕地质量综合指数；C_i为第i个评价指标的组合权重；F_i为第i个评价指标的隶属度。

根据《第三次全国土壤普查耕地质量等级评价技术规范》，将耕地质量划分为10个耕地质量等级。耕地质量综合指数越大，耕地质量水平越高。一等耕地质量最高，十等耕地质量最低。具体等级划分见表8-8。

表8-8 耕地质量等级分级标准

耕地质量等级	综合指数范围
一等	≥0.946 0
二等	0.916 0~0.946 0
三等	0.886 0~0.916 0
四等	0.856 0~0.886 0
五等	0.826 0~0.856 0
六等	0.796 0~0.826 0
七等	0.766 0~0.796 0
八等	0.736 0~0.766 0
九等	0.706 0~0.736 0
十等	<0.706 0

注：耕地质量等级共分10个等级，数字越小，耕地质量越好。

三、评价单元赋值

（一）数值型指标赋值

基于插值结果及基础资料，利用ArcGIS软件，将各指标值提取至评价单元中。其中，对于土壤化学性状、土壤重金属含量等数值型数据，采用ArcGIS中的空间分析模块的分区统计功能进行处理（于金羽等，2020）。以最新耕地图斑作为输入要素区域数据，各指标插值结果作为输入赋值栅格数据，选择MEAN方法统计，计算值栅格中与输出像元同属一个区域的所有像元的平均值作为此区域的提取值。在耕地图斑属性表中追加每个区域提取值的汇总输出表，以唯一标识字段为基础，将每个提取值连接到耕地图斑中。

（二）概念型指标赋值

概念型指标的提取利用ArcGIS的属性连接功能，以评价单元图斑为源要素类，以概念型指标专题图为连接要素类，基于评价单元图斑的空间位置，将概念型指标赋值到评价单元中。

四、土壤属性变化分析

综合采用时空地理加权回归（GTWR）、时间稳定性评估、栅格差值、年际差异、空间趋势分析、转移矩阵和斜率估计等方法，通过分析不同时期具体点位数据和面数据两个方面变化特征，揭示北京市不同土壤类型、土地利用类型和种植模式下的土壤质量时空演变特征。

（一）时空地理加权回归

GTWR是在经典地理加权回归（GWR）的基础上发展而来的。GTWR则进一步考虑了时间的非平稳性，从而能够更准确地描述时空数据的变化规律。GTWR模型的核心思想是在每个时空点上建立一个局部回归模型，通过计算每个点周围的权重来估计该点的回归参数。这样，GTWR就能够同时考虑空间和时间的影响，从而更准确地预测时空数据的变化趋势。

（二）时间稳定性评估

时间稳定性评估通过不同采样时间多次采样得到的实测值的变异系数衡量。

土壤属性的空间趋势可以使用空间趋势图进行表示。空间趋势图是一种将地理位置和与之相关的特征值进行可视化的方法，能够展示这些特征值在地理空间上的分布情况和变化趋势。空间趋势图是通过计算多次采样的采样点土壤属性的平均值，经克里格插值后得到，它可以在一定程度上反映区域土壤属性含量整体高低程度。计算公式为：

$$\bar{O}_i = \frac{\sum_{i=1}^{m} O_{it}}{m}$$

式中，$\bar{O}_i$为不同时期i个样点土壤属性含量平均值；O_{it}为第i个样点在第t个采样日期上所测得的土壤属性含量实测值；m为采样次数。

土壤属性时间稳定性是通过不同采样时间多次采样得到的实测值的变异系数来衡量，采用最初由Blackmore提出的变异系数计算方法，经克里格插值后得到。时间稳定变异系数为：

$$V_{it} = \frac{\sqrt{\frac{n\sum_{i=1}^{m} O_{it}^2 - (\sum_{i=1}^{m} O_{it})^2}{m(m-1)}}}{\frac{\sum_{i=1}^{m} O_{it}}{m}}$$

式中，V_{it}为t采样时间下的时间稳定变异系数。

采用普通克里格法，结合时间稳定性分级标准（表8-9），得到土壤属性时间稳定性变异系数评估图，从而可以了解土壤属性含量随时间的变化趋势。

表8-9 时间稳定性级别划分

稳定性级别	代码	时间稳定变异系数/%
稳定	S	<10
中等稳定	MS1	10~15
	MS2	15~20
	MS3	20~25
不稳定	US	>25

五、土壤质量等变化原因分析

（一）方差分析

方差分析（ANOVA）用于分析两个以上总体的均值之间是否存在差异。因此，方差分析能够通过分析样本均值之间的变异性来确定两个或多个组的总体均值是否不同。

（二）灰色关联度

灰色关联度分析（Grey relation analysis，GRA），是一种多因素统计分析的方法。用于分析养分指标与其他因素的相关关系。结合关联系数结果进行加权处理，最终得出关联度值，关联度值介于0~1，该值越大代表其与"参考值"（母序列）之间的相关性越强，也意味着其评价越高。

（三）相关性分析

常见的相关性分析方法包括Pearson相关系数、Kendall相关系数、Spearman等级相关系数。Pearson相关系数是最常用的相关性分析方法，又称积差相关系数，取值-1~1，绝对值越大，说明相关性越强。

具体操作流程如下：

在SPSS 27中菜单栏选择"分析—相关—双变量"相关性，对导入数据进行相关性分析，分析方法可选择皮尔逊、肯德尔或斯皮尔曼。图8-2以皮尔逊相关性分析方法为例。

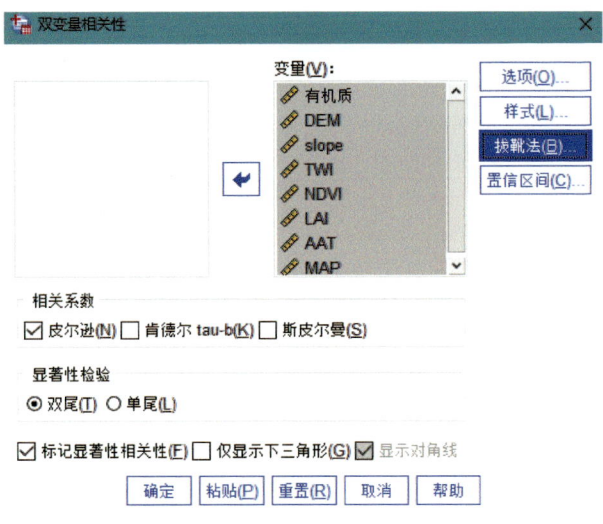

图8-2 相关性分析操作示意图

（四）Global Getis-Ord's G指数

在ArcGIS中找到"工具箱\系统工具箱\Spatial Statistics Tools.tbx\聚类分布制图\热点分析（Getis-Ord Gi*）"工具，选择数据，点击确定生成冷热点分布图（图8-3）。

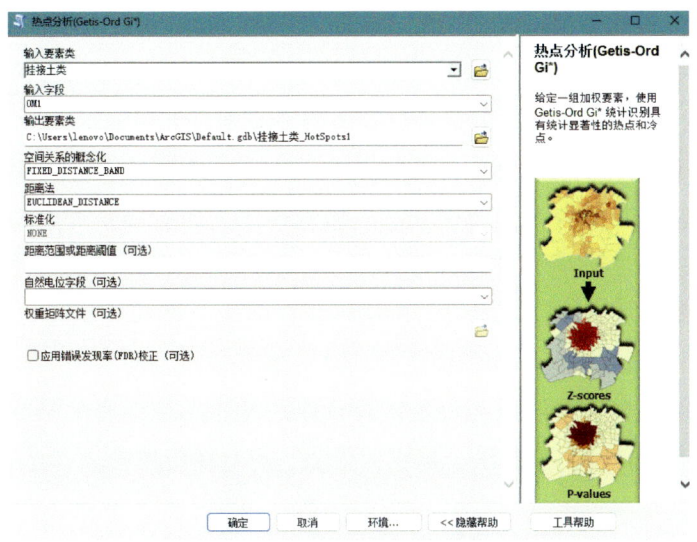

图8-3 热点分析操作示意图

六、结果验证

由各区比较熟悉耕地质量情况的专家，抽取一定比例（如5%和10%）的评价单元，将评价结果与多年平均产能进行对比，必要时进行实地调查，验证评价结果与地块实际情况的吻合度，经专家会商确定最终的等级结果。

第三节 土壤环境质量评价方法

土壤是具有空间连续性和异质性的变异体，对土壤中的环境指标而言，土壤地质活动、成土母质会对重金属含量与分布存在影响，工业发展、生产生活也会对其产生影响。按照目前土壤污染趋势来看，这种影响的频次逐渐增加。因此，掌握研究区域内土壤中污染元素情况信息对提升土壤环境质量十分重要。

土壤中污染元素的污染特点表现为潜伏时间长，且可以通过食物链累积效应在人体内积存，慢性侵害人体健康，因此需要对农用地土壤环境质量进行评价研究。农用地土壤环境质量评价是指在有农业生产活动的农用地土壤范围内，按照当前的技术指南、相关法律条文和政策要求，对土壤遭受污染的水平、间接对人体健康危害程度进行评价。评价农用地土壤重金属污染常用的方法有对比法、指数法、累积评价法、综合评价法等。

一、土壤环境质量数据分析

现阶段，农田土壤环境监测以点位监测的形式为主，所获得数据也是以单个点位的数据进行存储，即每个点位作为一条记录，存储多个监测指标的数据信息。但是，土壤监测是为土壤安全管理服务的，加之土壤性质的空间异质性较强，因此，单个点位的数据并没有太大的价值。然而，基于点位代表范围和面积，以及在一定区域范围内的统计量，对于产地安全管理具有重要意义。特别是当样品采集和分析的样品量足够多的时候，除可以进行常规数理统计外，监测过程中调查的大量背景信息与监测指标之间的关联，以及监测指标之间对应关系，都可以进行深入的解析和判断。

常用的农用地土壤环境监测数据分析一般包括相关性分析和差异性分析两种。前者是对影响因素的初步判断，但相关不一定代表具有因果关系；后者是对影响程度的定量核定，也称为显著性检验。二者结合使用，一般可判定农用地土壤环境问题的主要影响因素及其贡献率排序。

除此之外,对农用地土壤环境问题影响因素的分析也可采用主成分分析法,相对于相关性分析和差异性分析而言,主成分分析的效率更高,剖析更为深入。特别是当主成分分析和聚类分析联合使用时,可完成对区域尺度的农用地土壤环境污染特征分析,为后续产地安全区划的开展奠定基础。

二、相关性分析

相关性分析是研究随机变量之间是否存在某种依存关系,并对其依存程度进行定量判定的一种统计方法,常用于两组或多组监测指标或调查指标关联度的判断。相关性分析,主要是要解决两个问题,第一,定性判断有无关联;第二,定量说明给出判断结果的置信度。一般来说,可以用相关系数来回答上述问题。

相关系数表征两个变量间线性关系的程度,最为常用的相关系数是Pearson相关系数,它是对定距连续变量的数据进行相关性计算的指标;其他相关系数的表示方法还有包括Spearman和Kendall相关系数、Gamma统计量、偏相关系数、距离测度(不相似性测度和相似性测度)等。

三、差异性分析

相关性分析可初步明确对农用地土壤环境质量监测指标的主要影响因素,但无法判定各个影响因素对该监测指标的影响程度,相关性最高的因素并不一定是最重要的影响因素,相关性较低的因素也不一定就是不重要的影响因素。此外,由于农用地土壤环境质量监测结果受干扰因素较多,极易产生随机误差,因此,对于影响因素的判断,还应该考虑误差的影响以及判断结果的置信度。上述工作,都可以通过差异性分析来实现。通常,对于具有两个或两个以上分组(分类)的影响因素而言,可采用方差分析的方法进行差异性分析;但对于总体分布未知或总体分布不符合正态分布的数据样本,应采用非参数检验的方法来实现差异性分析。

四、土壤环境质量安全评价

(一)因子评价法

因子评价法是根据我国最新发布的《土壤环境质量 农用地土壤污染风险管控标准(试行)》(GB 15618—2018)中规定的农用地重金属污染风险筛选值(S_i)和风险管制值(G_i)评价各项污染因子对农用地土壤的风险情况,将Cd、Pb、As、Cr、Hg的污染风险评价等级分为3类,Ⅰ类是当C_i(样品实际检测值)$\leqslant S_i$时,表示该点位土壤污染风险低,一般情况下被认为可忽略;Ⅱ类是当$S_i<C_i \leqslant G_i$时,表示该点位土壤存在污染风险,一般情况下被认为有一定的风险但风险可控,可以视为中度风险;Ⅲ类是当$C_i>G_i$时,表示该点位土壤存在较高风险,可视为高风险。其评价重点在于评价过程直观简洁,紧扣相关的国家标准,结果精准,可以直接反映点位的污染情况。评价限值见表8-10和表8-11。

表8-10 农用地土壤5种重金属污染风险筛选值(S_i)

污染物项目		风险筛选值/(mg/kg)			
		pH值≤5.5	5.5<pH值≤6.5	6.5<pH值≤7.5	pH值>7.5
Cd	水田	0.3	0.4	0.6	0.8
	其他	0.3	0.3	0.3	0.6

（续表）

污染物项目		风险筛选值/（mg/kg）			
		pH值≤5.5	5.5<pH值≤6.5	6.5<pH值≤7.5	pH值>7.5
Hg	水田	0.5	0.5	0.6	1.0
	其他	1.3	1.8	2.4	3.4
As	水田	30	30	25	20
	其他	40	40	30	25
Pb	水田	80	100	140	240
	其他	70	90	120	170
Cr	水田	250	250	300	350
	其他	150	150	200	250

注：1. 重金属和类金属砷均按元素总量计。
2. 对于水旱轮作地，采用其中较严格的风险筛选值。

表8-11 农用地土壤5种重金属污染风险管制值（G_i）

污染物项目	风险管制值/（mg/kg）			
	pH值≤5.5	5.5<pH值≤6.5	6.5<pH值≤7.5	pH值>7.5
Cd	1.5	2.0	3.0	4.0
Hg	2.0	2.5	4.0	6.0
As	200	150	120	100
Pb	400	500	700	1 000
Cr	800	850	1 000	1 300

（二）单项污染指数法

单项污染指数法是目前评价土壤环境最基础最直接的方法之一，可以直观反映监测点的土壤指标含量水平，其评价重点在于

可以具体分析某一项污染物在特定区域环境下的累积程度,公式如下:

$$P_i = C_i / S_i$$

式中,P_i为待评价的重金属污染指数;C_i为样品实际检测值;S_i为北京市应用的背景值。目前在北京市农用地土壤污染研究中,背景值(S_i)的定义多数采用符合本地区重金属累积情况的背景值。按照评价要求,将污染程度划分为5个等级,清洁等级为P值小于等于1、轻微污染等级为P值介于1~2、轻度污染等级为P值介于2~3、中度污染等级为P值介于3~4、重度污染等级为P大于5。评价限值见表8-12。

表8-12 二级标准临界值

重金属	临界值/(mg/kg)		
	pH值<6.5	6.5≤pH值≤7.5	pH值>7.5
Cd	0.3	0.6	1.0
Hg	0.3	0.5	1.0
As	40	30	25
Pb	250	300	350
Cr(水田)	250	300	350
Cr(旱地)	150	200	250

(三)内梅罗综合污染指数法

内梅罗综合污染指数法的评价结果简明、认可度高,可以表示多种污染物在某一环境下的富集程度,主要用于评价研究区内土壤同时存在一种以上污染物的情况。内梅罗综合污染指数法优

点在于可以评价多种污染物的同时展示污染结构,因此在评价农用地土壤污染和水污染时使用较多。该方法计算公式如下:

$$P = \sqrt{\frac{(\overline{P}^2) + (P_{i\max})^2}{2}}$$

式中,P是所求的内梅罗综合污染指数,$\overline{P}$是各单项污染指数的平均值,$P_{i\max}$是某一单项污染指数的最大值,根据内梅罗综合污染指数评价要求,把综合污染程度划分为以下级别(表8-13)。

表8-13 内梅罗综合污染等级

内梅罗综合污染指数	对应等级
$P \in (-\infty, 0.7]$	安全水平
$P \in (0.7, 1]$	警戒水平
$P \in (1, 2]$	轻污染水平
$P \in (2, 3]$	中污染水平
$P \in (3, +\infty]$	重污染水平

(四)潜在生态危害指数法

潜在生态危害指数法由瑞典学者Hakanson于20世纪70年代提出,是目前评价重金属污染指数最为广泛的方法之一,潜在生态危害指数法以重金属沉积学为基础,结合重金属毒性对人体和水生生态环境的损害进行评价。其评价重点在于既可以单独分析重金属i对于人体和生态环境的毒性影响,又可以综合分析多种重金属对人体和生态环境的综合风险影响。重金属i的污染因子F_i计算公式为:

$$F_i = C_i / C_e$$

式中，C_i 为中重金属 i 在样品中的检测值；C_e 为污染因子计算背景值，背景值 C_e 的定义多数采用符合北京市重金属累积情况的背景值作为参比值。

某重金属的潜在生态风险系数 E_i 表现为：

$$E_i = T_i \times F_i$$

式中，T_i 为某项重金属元素的毒性系数，根据潜在生态危害指数法规定，重金属 Cd 的毒性响应系数是 30；Pb 的毒性响应系数是 5；As 的毒性响应系数是 10；Cr 的毒性响应系数是 2；Hg 的毒性响应系数是 40。

重金属潜在生态风险指数（RI）公式：

$$RI = \sum_{i=1}^{5} E_i$$

根据潜在生态危害指数法中评价风险等级方法，RI 值的高或低与重金属 i 的种类及数量呈正相关。进行潜在生态风险指数污染评价，应根据重金属的毒性相应系数和数量评价污染风险等级不断做出修正。有研究表明，E_i 第一级别的临界值的计算方法为清洁水平的系数（$C=1$ 时）与污染物中最大毒性系数的积，其余风险级别的最大值为上一级最大值的两倍。5 种土壤重金属中，RI 的分级按照潜在生态风险评价法的计算规则进行分级，用综合潜在生态风险分级的第一临界值（150）比上评价方法中的毒性响应系数的总和（133），即某区域重金属单位毒性响应系数 RI 为 1.13；用 1.13 乘以 As、Cd、Pb、Hg、Cr 的毒性响应系数总和（87），取整计算，得到其第一级别 RI 分级临界值（98.31≈100）；其他级别的确定均由上一级等级的上限值×2，最后得到E_i值和RI值分级标准（表8-14）。

表8-14 重金属E_i值和RI值分级标准

E_i	单项潜在生态风险程度	RI	综合潜在生态风险程度
(-∞, 40]	轻微	(-∞, 100]	轻微
(40, 80]	中等	(100, 200]	中等
(80, 160]	强	(200, 400]	强
(160, 320]	很强	(400, +∞)	极强
(320, +∞)	极强		

（五）地积累指数法

地积累指数法是德国学者Muller于1969年提出，在评价重金属污染程度过程中它集合了自然成岩作用的因素，通过地积累指数法评价可以表达出重金属污染的自然分布特征，从而计算人类活动对土壤中重金属污染情况的影响。其评价重点在于综合考虑重金属自然累积因素影响下，人类活动产生的污染对土壤重金属累积程度影响。地积累指数（Igeo）的计算公式如下：

$$I_{geo} = \log_2(\frac{C_i}{kB_i})$$

式中，C_i是指农用地土壤中重金属检测含量，单位mg/kg；B_i是指农用地土壤中重金属的背景值；k表示修正系数，一般情况下取$k=1.5$；根据污染等级不同，地积累指数分为7个等级，分级标准见表8-15。

表8-15 地积累指数（I_{geo}）分级标准

地积累指数	污染等级	污染程度
$I_{geo} \in (-\infty, 0]$	0	无污染
$I_{geo} \in (0, 1]$	1	无至中污染
$I_{geo} \in (1, 2]$	2	中污染
$I_{geo} \in (2, 3]$	3	中至强污染
$I_{geo} \in (3, 4]$	4	强污染
$I_{geo} \in (4, 5]$	5	强至极强污染
$I_{geo} \in (5, +\infty)$	6	极强污染

（六）多元统计分析法

在土壤重金属污染评价中，相关性分析是对各项重金属元素之间的潜在关系进行评价判断，该分析能够体现重金属元素之间是否存在或存在何种相互关系，并对这种关系的显著程度进行具体评价，展示不同重金属元素之间相关程度的大小是此评价的主要目的。一般来说根据其相关程度的大小可以判断研究区土壤中不同重金属的污染途径是否相同；如果重金属元素的含量之间有显著的相关性，就可以推断重金属元素之间可能具有相似的污染途径或来源；如果不同重金属元素间相关性较差，则表示它们的污染途径或来源可能不同。以皮尔森（Pearson）相关系数法为评价途径，对农用地土壤重金属元素相关性进行表述，相关性表述值R的范围为$[-1, 1]$，$R \in (0, 1]$时表示污染物间有正相关关系；$R \in [-1，0)$时表示污染物间有负相关关系；$R=0$则表示污染物间没有体现出相关性特点。R的绝对值越大表示研究变量间的相关程度越高，但是确定变量间是否存在相关需以P值为准；P值小于0.01表示变量间存在极显著性相关；P值介于0.01~0.05表示变量间存在显著性相关；P值大于0.05表示变量间不存在相关性。变量的数据离散程度和数据量同样关系其相关性误差；数据离散程度越大，观测值个数越多，相关系数的误差就越小；反之则越大。

第九章 成果应用

第一节 成果应用转化路径与方案

土壤农业利用适宜性评价对于确保农业可持续发展、合理利用土地资源以及提高农业生产效率具有重要意义。它涉及对土壤自身条件、土地利用和生态保护等多个方面的综合考量,以确定土壤在农业上的适宜程度。

一是促进区域农业特色经济发展,通过评价土壤的适宜性,可以发展具有区域特色的农业经济,如富硒土壤资源的开发利用可以促进富硒农业产业的发展;二是科学合理利用土壤资源,适宜性评价有助于明确土壤资源的质量、适宜性和限制性,为土壤资源的科学合理利用提供依据;三是保护和改善土壤环境,评价可以揭示土壤环境的退化情况,为防止或减缓土壤环境退化提供指导,进而保护土壤环境;四是优化土地利用结构,通过评价土壤对不同农业用途的适宜性,可以优化土地利用结构,促进土地资源的可持续利用和管理;五是支持农业政策制定,土壤适宜性评价可以为政府制定农业政策、土地利用规划和农业补贴政策提供科学依据;六是提高农业生产效率和产品质量,了解土壤的适宜性有助于选择适宜的作物种植,提高农业生产效率和产品质量;七是应对环境变化,评价有助于识别土壤对环境变化的响应,如土壤酸化、重金属污染等,为应对这些挑战提供信息支持；八是促进生态文明建设，土壤普查和适宜性评价有助于全面掌握土壤性状，促进土壤多功能发挥，支持"碳中和"等生态目标的实现；九是优化农业生产布局，土壤适宜性评价可以助力优化农业生产布局，提高资源利用率，促进乡村产业振兴；十是支持土壤质量评价体系的完善，土壤适宜性评价为完善土壤质量评价体系提供数据支持，尤其是在生物指标和环境指标方面。通过土壤农业利用适宜性评价，可以更好地理解土壤的特性和限制因素，为农业生产提供科学的指导和决策支持，确保土地资源得到最有效的利用。

评价成果的应用和转化路径可以从以下6个方面开展。

一、查清后备耕地资源

通过土壤农业利用适宜性评价，叠加国土三调土地利用数据，可以查清错配耕地资源和后备耕地资源情况。普查结束后，对各区（县）普查的后备耕地资源进行汇总、核实，摸清北京市后备耕地资源的数量与分布，并从质量状况、开发难易程度、生态环境保护等方面进行综合评估，建立北京市后备耕地资源台账，制定开发利用与保护方案，为强化管控落实最严格的耕地保护制度、落实耕地数量与质量保护战略、强化耕地"占补平衡"保驾护航。

二、打造北京市特色土特产产业

按照《全国土壤普查办关于做好土特产品区土壤普查的通知》《国务院第三次全国土壤普查领导小组办公室关于开展土特产品区土壤专题调查的通知》等文件要求，系统梳理北京市土特产品，确定土壤气候等适种条件，优化土特产产区范围，扩展土特产产区布局。根据土特产高产优质对土壤质量及养分的需求，研发专用配方肥和土壤调理剂，制定土特产一体化种植技术与解决方案。

三、为生态建设重大政策的制定提供决策依据

开展土壤三普是守牢耕地红线确保粮食安全的重要基础。随着经济社会发展，耕地占用刚性增加，要进一步落实耕地保护责任，严守耕地红线，确保粮食安全，需摸清耕地数量状况和质量底数。北京市全国第二次土壤普查，相关数据不能全面反映当前农用地土壤质量实况，要落实藏粮于地、藏粮于技战略，守住耕地红线，需要摸清耕地质量状况。

四、为落实高质量发展要求加快农业农村现代化提供重要支撑

土壤普查成果是土壤质量提升与农业可持续发展的关键，也是落实高质量发展要求、加快农业农村现代化进程的重要支撑。在当前全球气候变化和人口增长的背景下，提升土壤质量不仅是保障粮食安全的基础，也是实现农业绿色发展和生态文明建设的重要途径。首先，土壤质量的提升意味着土壤肥力的增强和生态环境的改善。通过科学合理的耕作制度、精准施肥和节水灌溉等措施，可以有效提高土壤的有机质含量和微生物活性，增强土壤的保水保肥能力，从而提高农作物的产量和品质。这对保障国家粮食安全、满足人民日益增长的美好生活需要具有重要意义。其次，土壤质量的提升有助于农业的绿色发展。通过推广节水农

业、循环农业和生态农业等模式,可以减少化肥和农药的过量使用,降低农业面源污染,保护和改善农业生态环境。这对实现农业的可持续发展、建设美丽中国具有重要作用。土壤质量的提升是农业农村现代化的重要内容。随着现代农业科技的发展,精准农业、智慧农业等新技术的应用,可以提高农业生产的效率和效益,降低生产成本,增加农民收入。这对推动农业转型升级、实现农业农村现代化具有重要意义。

土壤普查是实现农业高质量发展的重要基础,对于保障国家粮食安全、推动农业绿色发展、实现农业农村现代化具有重要意义。我们需要从政策、科技、人才等多方面入手,综合施策,持续发力,不断提高土壤质量,为农业农村现代化提供重要支撑。

五、保护环境促进生态文明建设的重要举措

随着城镇化、工业化的快速推进,大量废弃物排放直接或间接影响农用地土壤质量。农田土壤酸化面积扩大、酸化程度增加,土壤中重金属活性增强,土壤污染趋势加重,农产品质量安全受威胁。土壤生物多样性下降、土传病害加剧,制约土壤多功能发挥。为全面掌握耕地、园地、林地、草地等土壤性状、耕作造林种草用地土壤适宜性,协调发挥土壤的生产、环保、生态等功能,促进"碳中和",需开展土壤普查。

六、优化农业生产布局助力乡村产业振兴

以提高质量效益和竞争力为中心,推进农业供给侧结构性改革,加快转变农业发展方式,保障农产品有效供给、农民持续增收和农业可持续发展。大力发展生态农业,推动产地初加工,促

进农业农村新业态、新模式,培育构建高素质农民队伍。建立和完善农产品主产区、特色农产品产区、优势农产区、农产品加工区、农产品产地市场等有利于农业区域布局优化的政策体系,做好顶层设计。加强各级农业部门间的联动,提高相关政策规划和具体实施方案的合理性和科学性。强化县域统筹,在县域内统筹考虑城乡产业发展,合理规划乡村产业布局,形成县城、中心镇(乡)、中心村层级分工明显、功能有机衔接的格局。推进城镇基础设施和基本公共服务向乡村延伸,实现城乡基础设施互联互通、公共服务普惠共享。发挥镇(乡)上连县、下连村的纽带作用,支持有条件的地方建设以镇(乡)所在地为中心的产业集群。支持农产品加工流通企业重心下沉,向有条件的镇(乡)和物流节点集中。构建现代乡村产业体系,依托特色资源,向开发农业多种功能、挖掘乡村多元价值要效益,向一二三产业融合发展要效益,推动乡村产业全链条升级,增强市场竞争力和可持续发展能力。

以农业关键核心技术攻关为引领,以产业急需为导向,聚焦底盘技术、核心种源、关键农机装备等领域,构建梯次分明、分工协作、适度竞争的农业科技创新体系。按照"粮头食尾""农头工尾"要求,统筹产地、销区和园区布局,形成生产与加工、产品与市场、企业与农户协调发展的格局。技术创新是农产品加工业转型升级的关键,要加快技术创新,提升装备水平,促进农产品加工业提档升级。集聚资源、集中力量,建设富有特色、规模适中、带动力强的特色产业集聚区,打造"一县一业""多县一带",在更大范围、更高层次上培育产业集群。

第二节　土壤农业利用区划调整与优化解决方案

针对土壤适宜性评价结果，结合北京市未来农业发展，光、温、水、土壤生产潜力和土壤障碍情况，土地利用水平和特色农产品研究，采用生态适应性分析、结构分析及种植业结构调整与空间布局优化等方式进行北京市种植业结构与空间布局研究。

通过生态适应性分析、结构分析的结果，结合作物的适应性、生态环境保护、市场及产业需求等影响因子，配制出几种作物的种植布局空间优化结果，叠加行政区划图、土壤类型图和道路交通图，形成图件结果，对种植布局进行研究。

一、生态适应性分析

种植业与其他部门的农业不同，受自然条件和社会条件的双重制约，其生产也受作物的生长发育规律和自然条件的制约。因此具有强烈的季节性和地域性。生态适应性是作物适应区域自然条件的能力，即作物的生长发育与区域自然条件的符合程度，如果区域的气候和土壤特点与某种作物的生长发育相吻合，则可以发挥作物的生产潜力，而且这种吻合程度越高产量越高。

二、结构分析

基于北京市统计年鉴获取粮经果蔬木草等数据，采用种植面积指数、结构影响指数和结构效应值等，系统分析北京市作物生产结构的比例、演变、结构趋同性以及作物组合。

三、种植业结构调整与空间布局优化

（一）基于适宜性评价结果的错配分析与结构空间调整优化

基于土壤种植布局评价结果，结合现状分类数据，进行匹配分析，可以查清匹配耕地资源和后备耕地资源情况。根据匹配结果，结合作物的适应性、生态环境保护、市场及产业需求等影响因子，提出北京市种植业空间布局与结构优化调整建议。

（二）基于定量模型的结构调整与空间布局优化

通过基于GeoSOS-FLUS模型和CLUE-S模型等定量模型对北京市种植业结构调整与空间布局进行优化，拟通过对比不同种植布局结构空间优化方法，遴选出适用于北京市种植业结构布局空间优化的方案。

下面介绍基于不同模型的不同情景下区域种植业结构布局优化方法。

1. 理想点法

多目标土地利用结构优化求解的方法主要有线性加权法与基于启发式算法的线性模型，前者容易产生"极解"，即某一目标值很大，而另一目标值又极小，这与现实情况并不相符，后者虽然有很强的运算搜索能力，可是在多目标决策方面显得不足，即不能对多情景下土地利用结构进行优化。土地利用具有诸多利益相关者，不同主体对土地利用有不同诉求，因此在对土地利用结构优化时，应构建一种交互式优化模型，可以使决策主体看到不同目标与其最优值的差异，并可以根据决策主体对不同目标的偏好，调整模型参数，于是，采用非线性优化模型中的理想法，可求取任一规划愿景下的优化结构，公式如下：

$$F(z) = \min\left[\left(\frac{f_e(z)-U_e}{L_e-U_e}\right)^\gamma + \left(\frac{f_s(z)-U_s}{L_s-U_s}\right)^\gamma + \left(\frac{f_g(z)-U_g}{L_g-U_g}\right)^\gamma\right]$$

$$s.t: \begin{cases} Ax_i \leqslant b \\ \sum_{i=1}^{n} x_i = N \end{cases}$$

式中，$F(z)$表示土地利用结构z对应的综合收益，$f_e(z)$、$f_s(z)$、$f_g(z)$则是其适应性地调、农牧结合地调、生态保护地调、种地养地结合地调、有保有压地调、围绕市场调的大小，分别用各土地类型对应的不同目标系数来求取；U则表示某一目标理想值，即决策者认为优化目标应达到的水平，L则是其最小值，γ是用来调整偏差的指数，文献证明$\gamma=4$较合适。x_i是某用地类型面积，$Ax_i \leqslant b$是对某一用地数量的限制，N是研究区总面积。实际上，向量U_e、U_s、U_g是决策者的理想点，可通过调整U的大小求取不同情景下土地利用优化结构，调整的前提依据是目标f的最优值已知，以最优值百分比作为参照。如在优先发展经济情景下，可设置U_e为其最优值的90%，而U_s、U_g为其最优值20%，此时求取的用地结构为优先发展经济情景下的土地利用优化结构，保障适应性地调、农牧结合地调、生态保护地调、种地养地结合地调、有保有压地调、围绕市场调情景下最优土地结构求取可进行类似设置。

2. CLUE-S模型

CLUE-S模型可分为两个模块，一是非空间的土地需求模块，即求取不同类型用地数量以作为空间配置的约束，该部分工作用上述理想点法完成，二是空间配置模块，CLUE-S模型的独特优势是可对全局土地利用类型进行空间配置。CLUE-S模型的空间配置过程可描述为,从第一个栅格开始,查看该栅格对不同用地的总体适宜度,把栅格属性改变为适宜度最高的用地类型;并同步计算各用地的实时面积,当某一用地面积达到其约束时,则该用地类型配置完毕,继续第二种类型用地的配置,直到配置完毕为止。CLUE-S模型空间配置关键是总体适宜度的量化,其由3部分组成。

$$TPROP_{u,i}=P_{u,i}+ELAU_i+ITER_i$$

式中,$TPROP_{u,i}$是栅格u对于土地类型i的总体适宜度,$ELAU_i$是土地类型i的转移参数,根据栅格的现状属性确定,表示土地利用类型的转换成本,比如现状是建设用地,则转换为农用地的成本较大,那么在进行农用地配置时$ELAU_i$值设置较大。$ITER_i$是土地利用类型i的竞争因子,迭代过程中自动设置,且不断改变其大小,目的是加快配置速度。$P_{u,i}$是栅格u对于土地利用类型i的"吸引"概率,是土地利用现状图对不同空间因子的Logistic回归结果,即土地利用现状的空间分布规则,CLUE-S模型就是根据该规则推演未来用地布局状况,因此更多地是对未来布局的模拟。可见,$P_{u,i}$只表示现状分布规则,若现状分布是优化的,则$P_{u,i}$表示的规则就是优化的,进而CLUE-S模型空间配置结果就是优化的,同理,若现状分布不合理,则未来模拟结果也不合理。于是为得到未来土地利用优化布局,先对现状布局进行优化调整,确保不同用地类型的分布规则是优化水平,再提取分布规则,并以此推演未来用地的优化布局。

3. GeoSOS-FLUS模型

GeoSOS-FLUS模型是进行土地利用模拟、空间优化和辅助制定决策的有效模型,其引入人工神经网络模型对传统元胞自动机模型进行改进,采用惯性系数和轮盘竞争机制等新的设计使该模型更适用于模拟复杂和长期的土地利用变化。该模型主要包括以下两个计算模块。

(1)适宜性概率计算。采用神经网络算法(Artificial neural network,ANN)测算土地适宜性概率,神经网络算法的计算公式如下:

$$\text{sp}(p, k, t) = \sum_b w_{b,k} \cdot \text{sigmoid}[\text{net}_b(p, t)]$$
$$= \sum_b w_{b,k} \cdot \frac{1}{1+e^{-\text{net}_b(p,t)}}$$
$$\sum_k \text{sp}(p, k, t) = 1$$

式中,$\text{sp}(p, k, t)$为k类型用地在时间t、栅格p下的适宜性概率;$w_{b,k}$是输出层与隐藏层之间的权重;sigmoid( )是ANN算法的隐藏层到输出层的激励函数;$\text{net}_b(p, t)$表示第b个隐藏层栅格p在时间t上所获取的信号。

(2)自适应惯性竞争机制。FLUS模型提出一种基于轮盘赌选择的自适应惯性竞争机制,该机制能够有效解决土地利用转化在自然作用和人类活动中产生的不确定性和复杂性,可以提高模拟模型精度,其计算公式如下:

$$\text{Intertia}_k^t \begin{cases} \text{Intertia}_k^{t-1} & |D_k^{t-2}| \leqslant |D_k^{t-1}| \\ \text{Intertia}_k^{t-1} \cdot \dfrac{D_k^{t-2}}{D_k^{t-1}} & 0 > D_k^{t-2} > D_k^{t-1} \\ \text{Intertia}_k^{t-1} \cdot \dfrac{D_k^{t-2}}{D_k^{t-1}} & D_k^{t-1} > D_k^{t-2} > 0 \end{cases}$$

式中，$Intertia_k^t$ 为第 k 种地类在 t 时刻的自适应惯性系数；D_k^{t-1}、D_k^{t-2} 分别为 $t-1$、$t-2$ 时刻需求数量与栅格数量在第 k 种类型用地的差值。

4. 土地布局优化调整

现状土地利用布局是人们根据自然、经济与社会条件，在对土地资源进行开发、保护与利用基础上形成的空间格局结果，由于一定的历史政策原因，加之土地利用过程中个体的有限性，土地利用布局在空间上可能有不合理之处。结合北京市的实际情况及布局优化调整的可行性，对土地利用现状布局作调整。选取高程、坡度、年平均降水、植被覆盖度、耕地质量等因素作为土地利用变化的驱动因子测算研究区土地利用的适宜性概率。同时，在空间布局优化中，将研究区生态保护红线和永久基本农田范围作为禁止开发区域，以实现从空间层面对耕地和生态环境的保护。

第三节　障碍分区与肥沃耕层构建

遵循"科学性、精准性、可持续性和可行性"的原则，以促进耕地质量的长期改善和农业可持续发展为目标，注重生态环境保护与农业生产的协调统一，通过构建科学合理的障碍指标体系，实现对耕地质量障碍的科学识别与障碍程度评价，根据单指标障碍程度与综合障碍等级评价结果，划定障碍区域，确定不同障碍类型、不同障碍等级的改良目标，实现耕地资源的高效利用与农业生产的可持续发展。

一、障碍识别

依据耕地质量等级评价与耕地质量综合评估结果,初步识别可能影响耕地质量与作物生长的土壤障碍,针对初筛结果,需要进一步明确其障碍类型,开展障碍指标体系构建、障碍程度诊断与分区工作,掌握障碍存在的程度和影响范围。

二、障碍指标体系构建

(一)障碍类型划分

根据障碍识别结果,结合耕地质量等级划分指标,以障碍改良可行性原则为导向,根据障碍的主要特征和成因,将障碍类型主要划分为干旱型、涝渍型、黏砂限制型、障碍层次型、酸碱失衡型、瘠薄培肥型。

(二)障碍指标与阈值确定

确定不同障碍类型的衡量指标,依据GB/T 33469—2016《耕地质量等级》、NY/T 4322—2023《县域年度耕地质量等级变更调查评价技术规程》、NY/T 1634—2008《耕地地力调查与质量评价技术规程》、DZ/T 0295—2016《土地质量地球化学评价规范》、DB11/T 1083—2014《耕地地力评价技术规程》和《全国九大农区及省级耕地质量监测指标分级标准》中相关指标体系与指标等级划分标准,结合概率累计函数,给出了各障碍类型的衡量指标与障碍阈值。

应依据量化标准判断各指标是否纳入障碍指标体系中。当各指标超过其设定阈值的样本数量比例达到总样本数量的20%或面积占比超过10%,即判定其具有障碍改良价值,应将该指标纳入障碍指标体系中。在特定情况下,也可根据需要对指标体系进行适当调整。

三、障碍程度诊断

(一) 单因子障碍程度诊断

采用基于生态位的障碍诊断模型,利用各指标的实测值与阈值的偏离程度对指标偏离度进行量化运算,根据Shelford限制性定律测算各障碍因子的障碍度。

计算指标偏离度时,需对各指标统一进行归一化处理。量化的评价模型可分为3类,第1类是正向因子评价模型,即评价因子值越大越好,因子值超过某一值后,其影响程度将越来越小;第2类是适度因子评价模型,即因子的值存在一个适宜的区间,值过大或过小都会成为限制因素;第3类是负向因子评价模型,即评价值越小越好。

模型计算公式如下:

$$N_k = \begin{cases} 0 & (X_k < D_{k\min}) \\ X_k / D_{k\text{opt}} & (D_{k\min} \leqslant X_k < D_{k\text{opt}}) \\ 1 & (X_k \geqslant D_{k\text{opt}}) \end{cases}$$

式中,N_k为障碍评价因子k($k \in [1, n]$)的适宜度;X_k为障碍评价因子k的实测值;$D_{k\text{opt}}$为障碍评价因子k的阈值;$D_{k\min}$为障碍评价因子k的最小值;$D_{k\max}$为障碍评价因子k的最大值。

$$X_k = \begin{cases} 0 & (X_k \leqslant D_{k\min} \quad X_k \geqslant D_{k\max}) \\ \dfrac{X_k - D_{k\min}}{D_{k\text{opt}} - D_{k\min}} & (D_{k\min} < X_k < D_{k\text{opt}}) \\ \dfrac{D_{k\max} - X_k}{D_{k\max} - D_{k\text{opt}}} & (D_{k\text{opt}} < X_k < D_{k\max}) \end{cases}$$

式中，

$$N_k = \begin{cases} 0 & (X_k \leq D_{k\min}) \\ 1 - \dfrac{X_k - D_{k\min}}{D_{k\max} - D_{k\min}} & (D_{k\min} < X_k < D_{k\max}) \\ 0 & (X_k \geq D_{k\max}) \end{cases}$$

采用指标偏离度公式计算各评价因子的障碍度，计算公式如下：

$$O_k = 1 - N_k$$

式中，O_k 为障碍评价因子 k 的障碍度。

根据障碍因子的障碍度，将障碍划分为"轻度障碍""中度障碍"和"重度障碍"3个等级。采用概率累计函数划分各指标障碍等级的障碍度区间。耕层质地和质地构型按照NY/T 4322隶属度的计算方法判断其障碍度；灌溉（排水）能力将基本满足划分为轻度障碍，不满足划分为中度障碍，无灌溉（排水）条件划分为重度障碍。

（二）综合障碍等级评价

根据障碍诊断结果，采用累加法计算障碍因素综合指数，计算公式如下：

$$\text{SOI} = \sum (O_i \times C_i)$$

式中，SOI为障碍综合指数；O_i 为第 i 个评价指标的障碍度；C_i 为第 i 个评价指标的权重。

各障碍指标的权重采用特尔斐法和层次分析法确定，具体按照GB/T 33469—2016《耕地质量等级》和NY/T 4322—2023《县域年度耕地质量等级变更调查评价技术规程》执行。

采用等距离法将土壤障碍综合指数划分为"轻度障碍""中度障碍"和"重度障碍"3个等级。

四、障碍分区与改良目标

（一）障碍分区

根据单因子障碍程度诊断与综合障碍等级评价结果，划分单指标障碍区和综合障碍区，分别为"轻度障碍区""中度障碍区"和"重度障碍区"3类。根据障碍分区结果与障碍程度，确定改良优先序及改良优先区，进行分类、分级改良。

（二）改良目标

基于现有标准与相关文献资料，采用概率累计曲线函数，结合北京市耕地质量各障碍指标的实际分析结果，给出了不同分区、不同障碍类型改良标准，具体参见表9-1至表9-3。

表9-1　耕地质量障碍指标体系

A（目标层级）	B（障碍类型层级）	C（衡量指标层级）	D（障碍阈值层级）
耕地土壤障碍诊断指标体系	干旱型	灌溉能力	依据GB/T 33469—2016《耕地质量等级》，灌溉能力可分为充分满足、满足、基本满足、不满足，考虑作物需水能力及灌溉配套设施，将基本满足及以下的灌溉能力设定为障碍
	涝渍型	排水能力	依据GB/T 33469—2016《耕地质量等级》，排水能力可分为充分满足、满足、基本满足、不满足，考虑作物需水能力及排水配套设施，将基本满足及以下的排水能力设定为障碍
	黏砂限制型	耕层质地	砂性（砂土和砂壤） 黏性（黏土）
	障碍层次型	质地构型	夹砂型、上紧下松型、薄层型
	酸碱失衡型	pH值	$\geqslant 8.5$；$\leqslant 5.5$

(续表)

A（目标层级）	B（障碍类型层级）	C（衡量指标层级）	D（障碍阈值层级）
耕地土壤障碍诊断指标体系	瘠薄型	有机质	<15g/kg
		全氮	<1g/kg
		有效磷	<10mg/kg
		速效钾	<100mg/kg

表9-2 耕地质量障碍指标等级划分

等级	障碍度指数/障碍综合指数
轻度障碍	0～0.3
中度障碍	0.3～0.7
重度障碍	0.7～1.0

表9-3 耕地质量障碍改良目标

A（目标层级）	B（障碍类型层级）	C（衡量指标层级）	D（改良前障碍等级/障碍区）	E（改良后应达目标）
耕地土壤障碍改良标准	干旱型	灌溉能力	轻度	充分满足
			中度、重度	基本满足
	涝渍型	排水能力	轻度	充分满足
			中度、重度	基本满足
	黏砂限制型	耕层质地	轻度	中壤、重壤、轻壤
			中度、重度	砂土、砂壤、重壤、黏土
	障碍层次型	质地构型	轻度	上松下紧型、海绵型
			中度、重度	松散型、紧实型、夹黏型

（续表）

A （目标层级）	B （障碍类型层级）	C （衡量指标层级）	D （改良前障碍等级/障碍区）	E （改良后应达目标）
耕地土壤障碍改良标准	酸碱失衡型	pH值	轻度、中度、重度	5.5~8.5
	瘠薄型	有机质	轻度	>20g/kg
			中度	18~20g/kg
			重度	15~18g/kg
		全氮	轻度	>1.5g/kg
			中度	1.3~1.5g/kg
			重度	1~1.3g/kg
	瘠薄型	有效磷	轻度	>35mg/kg
			中度	18~35mg/kg
			重度	12.5~18mg/kg
		速效钾	轻度	>150mg/kg
			中度	100~150mg/kg
			重度	80~100mg/kg
	综合障碍		轻度、中度、重度	无障碍

五、肥沃耕层构建方案

（一）肥沃耕层指标体系构建与阈值确定

根据《第三次全国土壤普查土壤农业利用适宜性评价技术规范（试行）》和《第三次土壤普查耕地质量等级评价技术规范》

等，参考《旱作区耕地质量时空演变与肥沃耕层特征》（黄元仿，张世文等），结合耕地质量评价和土壤大量与中微量元素丰缺阈值划分结果，采用重要性分析方法筛选肥沃耕层指标，进行肥沃耕层指标体系构建与阈值确定。将产量数据与指标进行重要性分析，遴选对农业生产有较大贡献的指标。再根据耕地质量等级划分结果，通过分析不同产田类型下各指标值变化情况，确定肥沃耕层指标体系的阈值。

（二）潜力提升分区

根据障碍等级评价结果，划分单指标障碍区和综合障碍区，根据障碍分区结果与障碍程度，确定改良优先序及改良优先区。在实施耕地障碍改良技术时，应选择障碍程度严重、对耕地质量影响显著、作物生产潜力大、改良后增产效果显著且障碍集中连片的区域为障碍改良优先区，并优先选择能够显著改善土壤质量、提高作物产量、降低生产成本且易于实施的工程措施，确保资源和技术力量的优先投入，通过进行集中统一治理，提高改良效率。针对耕地土壤不同障碍类型，可通过土壤培肥、土壤改良、客土回填、完善灌排、农田防护等工程技术进行改良。

参考文献

陈海生，金玮佳，2020. 基于经验贝叶斯克里金的微尺度植烟田土壤有机质空间变异性. 西南农业学报，33（2）：363-368.

郭利刚，武文婷，2020. 基于主成分分析法的县级耕地质量定级研究. 江苏农业科学，48（18）：269-274.

侯华丽，郧文聚，朱德举，等，2005. 县域耕地的样地法评价. 农业工程学报（11）：62-67.

黄元仿，等，2021. 旱作区耕地质量时空演变与肥沃耕层特征. 北京：科学出版社.

蒋威，郜允兵，刘玉，等，2017. 基于耕地图斑数据的土壤有机质估测方法研究：以大兴区南部耕地为例. 中国农业大学学报，22（11）：75-82.

李俊晓，李朝奎，殷智慧，2013. 基于ArcGIS的克里金插值方法及其应用. 测绘通报（9）：87-90.

刘琼峰，李明德，段建南，等，2013. 农田土壤铅、镉含量影响因素地理加权回归模型分析. 农业工程学报（3）：225-234.

马仁会，李强，李小波，等，2002. 县级农用地分等评价单元划分方法评析. 地理学与国土研究（2）：93-95.

瞿明凯，李卫东，张传荣，等，2014. 地理加权回归及其在土壤和环境科学上的应用前景. 土壤, 46（1）：15-22.

宋敏, 杨琳, 朱阿兴, 等, 2017. 轮作模式在农耕区土壤有机质推测制图中的应用. 土壤通报, 48（4）：778-785.

王德彩, 叶希琛, 张雅梅, 等, 2021. 利用数字土壤制图技术评价桉树林土壤肥力. 土壤通报, 52（1）：139-147.

咸阳, 宋江辉, 王金刚, 等. 基于环境变量筛选与机器学习的土壤养分含量空间插值研究. 农业机械学报, 55（10）：379-391.

杨顺华, 张海涛, 郭龙, 等, 2015. 基于回归和地理加权回归Kriging的土壤有机质空间插值. 应用生态学报, 26（6）：1649-1656.

于金羽, 徐佳伟, 刘伟, 2022. 基于栅格单元优化的多要素辅助空间插值方法研究. 测绘地理信息, 47（5）：93-97.

张世文, 叶回春, 胡友彪, 等, 2013. 多时空尺度的土壤质量评价最小数据集的建立. 安徽农业科学, 41（17）：7487-7492.

张世文, 周妍, 罗明, 等, 2017. 废弃地复垦土壤重金属空间格局及其与复垦措施的关系. 农业机械学报, 48（12）：237-247.

张元培, 司可夫, 吴颖, 等, 2020. 鹤峰县地质环境承载力评价研究. 资源环境与工程, 34（S1）：50-55.

周胜, 2019. 农村土地典型污染物迁移归趋机制和生态风险评价技术研究. 上海：上海市农业科学院.

祝锦霞, 徐保根, 2020. 基于变化向量的耕地利用方式变化下耕地质量评价. 农业工程学报, 36（2）：292-300.

BAR Z, ORHAN D, PELIN A, et al., 2023. A new hybrid approach to assessing soil quality using neutrosophic fuzzy-AHP and support vector machine algorithm in sub-humid ecosystem. Journal of Mountain Science, 20（11）：3186-3202.